Hebräische Grammatik

von

Rudolf Meyer

o. Professor an der Universität Jena

I

Einleitung

Schrift- und Lautlehre

Dritte, neubearbeitete Auflage

Sammlung Göschen Band 763/763a/763b

Walter de Gruyter & Co · Berlin 1966

vormals G. J. Göschen'sche Verlagshandlung · J. Guttentag, Verlagsbuchhandlung · Georg Reimer · Karl J. Trübner · Veit & Comp.

Die *Hebräische Grammatik* wurde in erster Auflage von Georg Beer verfaßt und erschien 1915, die zweite, von Rudolf Meyer völlig neu bearbeitete Auflage 1952—55.

Die Gesamtdarstellung umfaßt in dritter Auflage folgende Bände:

Band I: Einleitung, Schrift- und Lautlehre (Slg. Göschen, Bd. 763/763a/763b).

Band II: Formenlehre, Flexionstabellen (Slg. Göschen, Bd. 764/764a/764b).

Band III: Satzlehre (Slg. Göschen, Bd. 765/765a/765b).

Band IV: Register (Slg. Göschen, Bd. 4765)

Hebräisches Textbuch (Slg. Göschen, Bd. 769/769a).

 — Archiv-Nr. 7399667. — Satz und Druck: Walter de Gruyter & Co., Berlin 30. — Printed in Germany.

Inhaltsverzeichnis

Einleitung

Erster Teil: Schriftlehre

Zweiter Teil: Lautlehre

Nachträge und Berichtigungen

S. 17, Anm. 1 füge an: „An Introduction to the Comparative Grammar of the Semitic Languages. By S. Moscati, A. Spitaler, E. Ullendorff, W. v. Soden. Ed. by S. Moscati. Porta Linguarum Orientalium N. S. VI (Wiesbaden 1964)." — Zu **S. 25**, Z. 19 merke an: „Etwas anders S. Segert, Die Sprache der moab. Königsinschrift. Archiv Orientální 29 (1961), 197—297; vgl. ferner W. L. Redd, F. V. Winnet, A Fragment of an Early Moabite Inscription from Kerak. BASOR 172 (1963), 1—9." — Zu **S. 49**, Z. 26—29 merke an: „Vgl. neuerdings die instruktive Alphabettabelle in: Lexikon der Alten Welt (Zürich 1965), 2727., wo außerdem Waw = Ypsilon angeführt ist". — Zu **S. 66**, Z. 21 f. („Dageš... stellt einen Punkt im Buchstaben dar") merke an: „Da PsBN bei Śin und Šin den diakritischen Punkt innen links bzw. rechts setzt, erscheint hier Dageš entsprechend als Punkt oben." — Zu **S. 70**, Z. 2—5: Statt „wo Dageš ... andeutet[1]);" lies: „wo Dageš u. a. nicht nur die Kürze eines Vokals in vorhergehender offener Silbe andeutet, sondern auch nach geschlossener Silbe mit kurzem oder gekürztem Selbstlaut steht[1]);".

Abkürzungsverzeichnis

1. Zum Text des Alten Testaments

A = Aleppensis.
AT = Altes Testament.
at.lich = alttestamentlich.
BA = Ben Ašer.
BH^3 = Biblia Hebraica^3, ed. R. Kittel (Stuttgart 1937).
BN = Ben Naftali.
C = Cairensis.
G = Septuaginta, ed. A. Rahlfs (Stuttgart 1935).
L = B 19 A; Leningradensis.
MT = Text des Alten Testaments nach BH^3.
Mur. = Texte aus Wadi Murabba'ât (s. u. DJD II).
PsBN = Pseudo-Ben Naftali.
Q = Texte aus Qumran (s. u. DJD I, III und 1Q).
R = Reuchlinianus.
Sek. = Psalterii Hexapli Reliquiae, ed. J. Card. Mercati. P. 1: Codex rescriptus Bybliothecae Ambrosianae. (Città del Vaticano 1958).
Tos. = Tosefta.

2. Schriften des Alten Testaments

Gn., Ex., Lv., Nu., Dt., Jos., Jdc., 1 S., 2 S., 1 R., 2 R., Jes., Jer., Ez., Hos., Jo., Am., Ob., Jon., Mi., Na., Hab., Zeph., Hag., Sach., Mal., Ps., Prv., Hi., Cant., Ru., Thr., Qoh., Est., Da., Esr., Neh., 1 Chr., 2 Chr.; Sir., Tob. (aus dem Neuen Testament: Joh., Apc. Joh.).

3. Sprachbezeichnungen

äg.	= ägyptisch	assyr.	= assyrisch
akkad.	= akkadisch	äth.	= äthiopisch
arab.	= arabisch	babyl.	= babylonisch
aram.	= aramäisch	engl.	= englisch
aschk.	= aschkenasisch	franz.	= französisch

griech.	= griechisch
hebr.	= hebräisch
hell.	= hellenistisch
indogerm.	= indogermanisch
jem.	= jemenitisch
jud.	= judäisch
jüd.	= jüdisch
kan.	= kanaanäisch
lat.	= lateinisch
mas.	= masoretisch
moab.	= moabitisch
pal.	= palästinisch
phön.	= phönikisch
pun.	= punisch
röm.	= römisch
sam.	= samaritanisch
sef.	= sefardisch
sem.	= semitisch
span.	= spanisch
sum.	= sumerisch
syr.	= syrisch
tib.	= tiberisch
ugar.	= ugaritisch

4. Grammatische Bezeichnungen

abs.	= absolutus
adj.	= adjektivisch
Adj.	= Adjektivum
adv.	= adverbiell
Adv.	= Adverbium
Akk.	= Akkusativ
Akt.	= Aktivum
c.	= communis
cons.	= consecutivum
cstr.	= constructus
cop.	= copulativum
dial.	= dialektisch
Du.	= Dual
Energ.	= Energicus
enklit.	= enklitisch
F., f.	= Femininum, feminin
Fut.	= Futurum
gem.	= geminata
Gen.	= Genetiv
Hi.	= Hif‘il
Hiṯp.	= Hiṯpa‘el
Ho.	= Hof‘al
Imp.	= Imperativ
Imperf.	= Imperfektum
Ind.	= Indikativ
Inf.	= Infinitiv
Juss.	= Jussiv
juss.	= jussivisch
K.	= Kontextform
Kons.	= Konsekutiv
lar.	= laryngalis
med.	= media
M., m.	= Maskulinum, maskulin
Narr.	= Narrativ
Ni.	= Nif‘al
Nom.	= Nominativ
P.	= Pausalform
Part.	= Partizipium
Pass.	= Passivum
Perf.	= Perfektum
Pi.	= Pi‘el
Pl.	= Plural
Präs.	= Präsens
Prät.	= Präteritum
proklit.	= proklitisch
Pu.	= Pu‘al
Refl.	= Reflexivum
Sg.	= Singular
St.	= Status
s. u.	= siehe unter (Verweis im gleichen Paragraphen)

Subj.	= Subjunktiv	synt.	= syntaktisch
subj.	= subjunktivisch	Wz.	= Wurzel
subst.	= substantivisch	*	= hypothetisch
Subst.	= Substantivum	>	= entwickelt zu
suff.	= suffigiert	<	= entstanden aus
Suff.	= Suffix	ˊ	= Druckzeichen

5. Literatur

AfO = Archiv für Orientforschung.

J. Aistleitner, Grammatik = J. Aistleitner, Untersuchungen zur Grammatik des Ugaritischen. BAL, phil.-hist. Klasse, Band 100, H. 6 (Berlin 1954).

J. Aistleitner, Wörterbuch = J. Aistleitner, Wörterbuch der ugaritischen Sprache. BAL, phil.-hist. Klasse, Band 106, H. 3 (Berlin 1963).

K. Albrecht, Neuhebr. Grammatik = K. Albrecht, Neuhebräische Grammatik auf Grund der Mišna. CLS Pars V (München 1913).

Albright-Festschr. = The Bible and the Ancient Near East. Essays in Honor of W. F. Albright. Ed. by G. E. Wright (London 1961).

BAL = Berichte über die Verhandlungen der Sächsischen Akademie der Wissenschaften zu Leipzig.

BASOR = Bulletin of the American Schools of Oriental Research.

G. Bergsträßer, Grammatik = W. Gesenius-G. Bergsträßer, Hebräische Grammatik[29] I (Leipzig 1918), II 1 (Leipzig 1926), II 2 (Leipzig 1929).

BL = H. Bauer und P. Leander, Historische Grammatik der hebräischen Sprache I (Halle 1922).

BOS = Bonner Orientalistische Studien.

BRL = K. Galling, Biblisches Reallexikon. Handbuch zum Alten Testament I 1 (Tübingen 1937).

E. Brønno, Studien = E. Brønno, Studien über hebräische Morphologie und Vokalismus. Abh. für die Kunde des Morgenlandes 28 (Leipzig 1943).

BWA(N)T = Beiträge zur Wissenschaft vom Alten (und Neuen) Testament.

BZAW = Beihefte zur Zeitschrift für die alttestamentliche Wissenschaft.

CLS = Clavis Linguarum Semiticarum.

Cross-Freedman = F. M. Cross, jr., and D. N. Freedman, Early Hebrew Orthography. A Study of the Epigraphic Evidence. American Oriental Series 36 (New Haven 1952).

DJD I = Discoveries in the Judaean Desert I: Qumran Cave I. Ed. by D. Barthélemy and J. T. Milik (Oxford 1955).

DJD II = Discoveries in the Judaean Desert II: Les Grottes de Murabba'ât. Ed. by P. Benoit, J. T. Milik and R. de Vaux, O. P. (Oxford 1961).

DJD III = Discoveries in the Judaean Desert of Jordan III: Les „petites grottes" de Qumrân. Exploration de la falaise, les grottes 2Q, 3Q, 5Q, 6Q, 7Q à 10Q, le rouleau de cuivre. Par M. Baillet, J. T. Milik, et R. de Vaux, O. P. (Oxford 1962).

Driver-Festschr. = Hebrew and Semitic Studies Presented to G. R. Driver. Ed. by D. W. Thomas and W. D. McHardy (Oxford 1963).

EA = J. A. Knudtzon, Die El-Amarna-Tafeln I (Leipzig 1915).

E. Edel, Altäg. Grammatik I = E. Edel, Altägyptische Grammatik I. Analecta Orientalia 34 (Roma 1955).

Eißfeldt-Festschr. = Von Ugarit nach Qumran. Festschrift für O. Eißfeldt. Hrsg. v. J. Hempel und L. Rost. BZAW 77 (Berlin 1958).

Fr. = Fragment.

J. Friedrich, Phön.-pun. Grammatik = J. Friedrich, Phönizisch-punische Grammatik. Analecta Orientalia 32 (Roma 1951).

G. Garbini, Il semitico = G. Garbini, Il semitico di nordovest (Napoli 1960).

C. H. Gordon, Manual = C. H. Gordon, Ugaritic Manual. Analecta Orientalia 35 (Roma 1955).

GVG = C. Brockelmann, Grundriß der vergleichenden Grammatik der semitischen Sprachen I (Berlin 1908), II (Berlin 1913).

HO Handbuch der Orientalistik, hrsg. v. B. Spuler. I 1: Ägyptologie (Leiden 1959); I 2: Ägyptologie (Leiden 1952); II 3: Keilschriftforschung und Alte Geschichte Vorderasiens (Leiden 1957); III 1: Semitistik (Leiden 1953); III 2/3: Semitistik (Leiden 1954).

HS = C. Brockelmann, Hebräische Syntax (Neukirchen 1956).

JBL = Journal of Biblical Literature and Exegesis.
P. Joüon, Grammaire = P. Joüon, Grammaire de l'Hébreu biblique (Rom 1923).
JSS = Journal of Semitic Studies.
KAI = H. Donner-W. Röllig, Kanaanäische und aramäische Inschriften. Mit einem Beitrag von O. Rößler. Band I: Texte (Wiesbaden 1962); Band II: Kommentar (Wiesbaden 1964).
E. Kautzsch, Grammatik = W. Gesenius-E. Kautzsch, Hebräische Grammatik[28] (Leipzig 1910).
KG = P. E. Kahle, Die Kairoer Genisa. Untersuchungen zur Geschichte des hebräischen Bibeltextes und seiner Übersetzungen (Berlin 1962).
Koehler-Baumgartner = L. Koehler-W. Baumgartner, Lexicon in Veteris Testamenti Libros (Leiden 1953; [2]1955).
K. G. Kuhn, Konkordanz = K. G. Kuhn, Konkordanz zu den Qumrantexten (Göttingen 1960).
Lit. = Literatur (Hinweis auf ausführlichere bibliographische Angaben).
MB = P. Kahle, Der masoretische Text nach der Überlieferung der babylonischen Juden (Leipzig 1902).
Mikhlol = David Ḳimḥi's Hebrew Grammar. Systematically presented and critically annotated by W. Chomsky (New York 1952—5713).
MO = P. Kahle, Masoreten des Ostens (Leipzig 1913).
MW I = P. Kahle, Masoreten des Westens I. BWAT NF. 8 (Stuttgart 1927).
MW II = P. Kahle, Masoreten des Westens II. BWANT III 17 (Stuttgart 1930).
A. Murtonen, Vocabulary = A. Murtonen, Materials for a non-masoretic Hebrew Grammar II. An Etymological Vocabulary to the Samaritan Pentateuch. Studia Orientalia XXIV (Helsinki 1960).
PRU II = Le Palais Royal d'Ugarit II. Mission de Ras Shamra Tome VII. Hrsg. v. Cl. F.-A. Schaeffer und Ch. Virolleaud (Paris 1957).
1QH = Dankpsalmen aus Höhle I von Qumran: The Dead Sea Scrolls of the Hebrew University. Ed. by E. L. Sukenik [†] (Jerusalem 1955), Taf. 35—58; J. Licht, The Thanksgiving Scroll. A Scroll from the Wilderness of Judaea (Jerusalem 1957).

1QJes.[a] = Erste Jes.-Rolle aus Höhle 1 von Qumran: The Dead Sea Scrolls of St. Mark's Monastery I. Ed. by M. Burrows (New Haven 1950), Taf. I—LIV.
1QM = Kriegsrolle aus Höhle 1 von Qumran: The Dead Sea Scrolls of the Hebrew University, Taf. 16—34; The Scroll of the War of the Sons of Light against the Sons of Darkness. Ed. by Y. Yadin (Oxford 1962).
1Qp Hab. = Hab.-Kommentar aus Höhle 1 von Qumran: The Dead Sea Scrolls of St. Mark's Monastery, Taf. LV bis LXI.
1QS = Das Handbuch der Unterweisung aus Höhle 1 von Qumran: Ebd. II, 2: Plates and Transcription of the Manual of Discipline (New Haven 1951).
RGG[3] = Die Religion in Geschichte und Gegenwart. Handwörterbuch für Theologie und Religionswissenschaft[3] (Tübingen 1957—1963).
SAL = Sitzungsberichte der Sächsischen Akademie der Wissenschaften zu Leipzig.
Sir. = Sprüche Jesus', des Sohnes Sirachs, ed. H. L. Strack (Leipzig 1903).
W. v. Soden, Akkad. Grammatik = W. v. Soden, Grundriß der Akkadischen Grammatik. Analecta Orientalia 33 (Roma 1952).
A. Sperber, Masoretic Hebrew = A. Sperber, A Grammar of Masoretic Hebrew. A General Introduction to the Pre-masoretic Bible. Corpus Codicum Hebraicorum Medii Aevi, Pars II (Copenhagen 1959).
SVT = Supplements to Vetus Testamentum.
Textus = Textus. Annual of the Hebrew University Bible Project (Jerusalem 1960ff.).
ThLZ = Theologische Literaturzeitung.
ThZ = Theologische Zeitschrift.
VT = Vetus Testamentum.
WZ = Wissenschaftliche Zeitschrift.
ZAW = Zeitschrift für die Alttestamentliche Wissenschaft.
ZDMG = Zeitschrift der Deutschen Morgenländischen Gesellschaft.
Zs. = Zeitschrift.

Für wertvolle Hilfe bei der Anfertigung des Manuskripts und beim Lesen der schwierigen Korrekturen bin ich meiner Assistentin und Lektorin, Frau Dr. Jutta Körner, zu besonderem Dank verpflichtet.

Einleitung

§ 1. Hebräisch als Sprachbezeichnung

1. Mit Hebräisch bezeichnet man die Sprache des AT mit Ausnahme der aram. Teile Esr. 4, 8—6, 18; 7, 12—26; Da. 2, 4—7, 28; Jer. 10, 11 und zweier Wörter in Gn. 31, 47. Genauer handelt es sich um Althebr. im Unterschied vom Mittelhebr. der jüngeren, teilweise apokryphen Schriften des AT und des rabbinischen Schrifttums und vom Neuhebr. der Gegenwart (§ 5, 7).

2. Die Sprachbezeichnung עִבְרִית *'iḇrīṯ* (Yadayim 4, 5), לָשׁוֹן עִבְרִי *lāšōn 'iḇrī* (pal. Megilla 71 b), לָשׁוֹן עִבְרִית *lāšōn 'iḇrīṯ* (Tos. Megilla 2, 6) begegnet erst bei den Rabbinen, fehlt dagegen im AT. Gleichwohl ist sie älter; vgl. Sir. Prol. 22. Man bezeichnet damit meist Althebr. samt Mittelhebr., zuweilen auch die aram. Verkehrssprache (Giṭṭin 9, 8). Der Ausdruck ist insofern unsachgemäß, als er ursprünglich einen soziologischen, keinen ethnischen oder geographischen Begriff darstellt. Außerdem ist Althebr. keine selbständige Sprache, sondern als pal. Mundartengruppe geschichtlich im Kan. verwurzelt (§ 4,2c). Daher spricht Jes. 19, 18 folgerichtig von der „Sprache Kanaans" (שְׂפַת כְּנַעַן *śᵉfaṯ Kᵉnā'an*). Auf das Judäische als Lokalidiom innerhalb des Althebr. weisen 2. R. 18, 26. 28 (vgl. Jes. 36, 11. 13) mit יְהוּדִית *yᵉhūḏīṯ* für das 8. Jh., Neh. 13, 24 für das 5. Jh. hin. Die griech. Entsprechung lautet Ἑβραῖος, adv. ἑβραϊστί, (Sir. Prol. 22). Häufiger als rabbinisches עִבְרִי *'iḇrī* wird Ἑβραῖος nicht nur auf das Althebr., sondern auch auf das Aram. bezogen. Vgl. für ersteres etwa Josephus Ant. 11, 159; Apc. Joh. 9, 11; für letzteres Ant. 18, 228; Joh. 5, 2. Die

Rabbinen gebrauchen vornehmlich die Bezeichnung לְשׁוֹן הַקּוֹדֶשׁ *lešōn haqqódæš* (Soṭa 7,2) für die Sprache des Heiligtums, der heiligen Schriften und des schriftgelehrten Lebens, daher Alt- und Mittelhebr. umfassend.

3. Der Ausdruck „Hebräisch" geht über *Hebraeus* = Ἑβραῖος auf pal.-aram. *ʿebrāyā* zurück. So nannten Griechen und Römer gelegentlich die Juden. Seine Verwendung als Gentilicium ist im AT gerade noch angedeutet (Gn. 14,13; Jon. 1, 9). In der Regel bezeichnet er den sozial Tieferstehenden, so vor allem den Vertragssklaven (z. B. Ex. 21, 2ff.). Nach weitverbreiteter Annahme hängt *ʿibrī* mit akkad. *ḫabiru*/*ʿapīru* zusammen, wozu ugar. *ʿprm* und äg. *ʿpr* (= sum. SA.GAZ) zu vergleichen sind. Hierunter sind kriegerische Verbände unterschiedlicher Herkunft zu verstehen, die — seit dem 3./2. Jt. im „Fruchtbaren Halbmond" nachweisbar — sich vielfach in den Dienst der ansässigen Bevölkerung begaben[1]). Solche „Hebräer" minderer sozialer Rechtsstellung finden sich in Palästina noch lange, nachdem die israelitischen Stämme seßhaft geworden sind und den „Hebräer"-Zustand überwunden haben (1. S. 14, 21). Da somit der Ausdruck „Hebräer" als Volksbezeichnung mißverständlich ist, wird der Begriff „Hebräisch" nur für die Sprache gebraucht. Die Träger dieses Idioms dagegen bezeichnen wir als Israeliten bzw. als Nordisraeliten und Judäer für die vorexilische Zeit, für die nachexilische Epoche aber als Juden.

§ 2. Die semitischen Sprachen

1. Hebräisch gehört zu einer Gruppe flektierender Sprachen, die von Mesopotamien bis zum Mittelmeer, vom armenischen Hochland bis zur Südküste Arabiens heimisch ist und sich durch Eroberung und Siedlung über Teile von Europa

---

[1]) A. Alt (S. Moscati), Hebräer. In: RGG³ III, 105f. (Lit.).

und besonders Afrika für dauernd oder vorübergehend verbreitet hat. Diese Sprachfamilie heißt seit A. L. Schlözer[1]) nach Gn. 10, 11 semitisch; die Träger des sem. Sprachtypus bezeichnet man als Semiten[2]).

2. Bereits in der Mittelsteinzeit, im Natufium und damit vor rund 10000 Jahren, hausten in Palästina schlanke und langschädelige Menschen, die mit den kupfersteinzeitlichen Bewohnern von Byblos (um 3400 v. Chr.) und solchen des vordynastischen Ägypten (um 3000) verwandt sind[3]). Sie stellen offenbar den, allerdings infolge ungünstiger Lebensbedingungen noch kleinwüchsigen Prototyp der sog. orientalischen Rasse dar, die — soweit sie sich nicht z. B. mit der armenoiden Bevölkerung Vorderasiens vermischt hat — in historischer Zeit dem Semitentum das Gepräge verleiht. Dieser Befund spricht für die Annahme, daß die Semiten in Syrien zu Beginn der für uns erfaßbaren Geschichte auf eine lange Ahnenreihe zurückblicken können[4]). Wir bezeichnen die Verbände, die um 3000 in Syrien wohnten, als Altwestsemiten. Von ihnen sonderte sich wahrscheinlich um diese Zeit die Gruppe ab, die im östlichen Nildelta ihren noch heute erkennbaren Beitrag zum Äg. geliefert hat[5]). Auch im Zwei-

---

[1]) Vgl. J. G. Eichhorn, Repertorium für biblische und morgenländische Litteratur VIII (Leipzig 1781), 161.

[2]) B. Spuler, Ausbreitung der sem. Sprachen. In: HO III 1, 25—31.

[3]) D. A. E. Garrod, D. M. A. Bate, The Stone Age of Mt. Carmel I (Oxford 1937); W. F. Albright, Von der Steinzeit zum Christentum (Bern 1949), 129; G. E. Wright, The Archaeology of Palestine. In: Albright-Festschr., 78; 102, Anm. 15.

[4]) Die bisher ältesten literarischen Andeutungen aus Ägypten (etwa 2350—2200) machen zumindest wahrscheinlich, daß diese Semiten schon lange vor den Amurritern im Lande gesessen haben; S. Moscati, The Semites in Ancient History (Cardiff 1959), 82, Anm. 14.

[5]) E. Zyhlarz, Ursprung und Sprachcharakter des Altäg. Zs. für Eingeborenensprachen 23 (1932/33), 241—254; A. Scharff-

stromland ist wohl schon seit vorgeschichtlicher Zeit mit einer sem. Bevölkerungskomponente zu rechnen. Sprachlich gesehen, müssen die Sumerer bei ihrer Landnahme kurz vor 3000 auf eine teilweise sem. Vorbewohnerschaft gestoßen sein. An dem Siedlungsgebiet dieser Semiten, das sich von Kisch, der Vorläuferin Babylons, euphrataufwärts nach Nordwesten erstreckte, scheint ihre volksmäßige Expansionskraft — unbeschadet ihrer politisch-kulturellen Hegemonie — zum Stehen gekommen zu sein[1]). In diesem Falle sprechen wir von Ostsemiten oder — entsprechend dem ersten sem. Großreich der Sargoniden (etwa 2350—2150) — von Akkadern.

Daneben lebten seit je Semiten als Halbnomaden in den Randgebieten der syr.-arab. Wüste. Sie standen durch Weidewechsel mit dem Kulturland in Verbindung; die Wüste Arabiens haben sie sich als Vollnomaden wohl erst untertänig machen können, nachdem etwa um 1200 das Kamel domestiziert worden war. Der diesen Verbänden innewohnende Drang nach dem Acker- und Weideland des „Fruchtbaren Halbmondes" führte seit dem Ende des 3. Jts. zu drei langanhaltenden Invasionswellen, die sprachgeschichtlich insofern Bedeutung haben, als mit ihnen jeweils einzelne große Dialektgruppen zur Herrschaft gelangten. Im Rahmen der ersten, sog. amurritischen Welle (etwa 2000—1700) gaben zwar im Osten die Zuwanderer — trotz Überlegenheit — ihre Sprache zugunsten des Akkad. auf, aber in Syrien behielten sie ihr angestammtes Idiom bei, das man mit Recht noch als altwestsem. ansieht[2]), wenngleich nicht übersehen

---

A. Moortgat, Ägypten und Vorderasien im Altertum² (München 1959). 15—18 [A. Scharff].

[1]) H. Schmökel, Geschichte des Alten Vorderasien. HO II 3, 7f.; S. N. Kramer, The Sumerians (Chicago 1963), 41—43.

[2]) W. J. Moran, The Hebrew Language in Its Northwest Semitic Background. In: Albright-Festschr., 57, mit Bezug auf A. Caquot, Annales archéologiques de Syrie I (Damascus 1951), 216.

werden darf, daß sich in ihm bereits jungwestsem. Züge abzeichnen. Die jungwestsem.-aram. Welle (etwa 1400—900) führte das Aram. herauf, das seit dem 8. Jh. zunehmend die Vorherrschaft gewann, im Perserreich (539—330) Amtssprache Vorderasiens war und als Gemeinsprache — durch die griech. Koine nur in den Städten beeinträchtigt — erst seit dem 7. Jh. n. Chr. vom Arab. abgelöst worden ist. Bereits im 9. Jh. v. Chr. machten sich die Araber bemerkbar; aber erst nach jahrhundertelangen Unterwanderungen des Kulturlandes in nachchristl. Zeit hat die arab. Welle seit Mohammed zur absoluten Vorherrschaft des Arab. unter den sem. sprechenden Völkern geführt[1]).

3. Die Klassifikation der rein sem. Idiome ist gegenwärtig strittig. Im folgenden ist eine geographische Gliederung verwendet, die phonetische Gemeinsamkeiten und teilweise auch Verwandtschaft in Wortbildung und Flexion einschließt, jedoch gegenseitige Wechselbeziehungen zwischen den so entstehenden Gruppen völlig offen läßt[2]). Danach unterscheidet man eine ostsem., eine nordwestsem. und eine südsem. Gruppe. Ostsemitisch wird durch Akkadisch mit den beiden Dialekten Babylonisch und Assyrisch dargestellt. Infolge frühzeitiger Absonderung und der Symbiose mit dem Sumerischen hat es eine eigene Entwicklung durchlaufen[3]). Dem Ostsemitischen stehen Nordwestsemitisch und Südsemitisch gegenüber, die ihre höhere Einheit im Westsemitischen finden. Zum Nordwestsemitischen[4]) gehören Kanaanäisch (§ 4) und das jüngere Aramäisch. Letzteres ist in vorchristl. Zeit im wesentlichen einheitlich,

[1]) W. v. Soden, Semiten. In: RGG³ V, 1690—1693.
[2]) E. Hammershaimb, Semitische Sprachen. In: RGG³ V, 1694—1696.
[3]) W. v. Soden, Akkad. Grammatik.
[4]) G. Garbini, Il semitico.

später ist es in West- und Ostaramäisch gespalten[1]). Von beiden Zweigen gibt es moderne Restdialekte. Die südsem. Gruppe teilt sich a) in Nordarabisch, das inschriftlich seit dem 4. Jh. n. Chr. und als Schriftsprache seit dem 6. Jh. belegt ist und sich außer in der Hochsprache in zahlreichen Vulgärdialekten fortsetzt[2]); b) in Südarabisch, die Sprache vor allem der sich bis zum 6. Jh. n. Chr. erstreckenden sabäischen und minäischen Inschriften[3]); c) in Abessinisch, wovon Geʿez, Äthiopisch, die Kirchensprache darstellt. Auch Südarab. und Abessinisch leben in modernen Dialekten nach[4]).

4. Das Ägyptische mit der Fortsetzung im Koptischen hat, wie bereits erwähnt, eine sem. Komponente. Diese tritt, abgesehen von einem Teile des Wortschatzes, besonders beim sog. Pseudopartizipium hervor, das offensichtlich die westsem. Afformativkonjugation auf einer Stufe voraussetzt, wo letztere noch eng mit dem akkad. „Permansiv" bzw. „Stativ" zusammenhing[5]). Darüber hinaus besteht eine sem.-ham. Urverwandtschaft, wenngleich es in der Forschung strittig ist, wieweit dieselbe in den historischen Sprachen noch erkennbar ist[6]). Des weiteren gehören Indogerm., Sem. und Ham. insofern zusammen, als sie sich durch Nomi-

---

[1]) F. Rosenthal, Die aramaistische Forschung (Leiden 1939); C. Brockelmann, Das Aram. einschließlich des Syr. In: HO III 2/3, 135—162.

[2]) C. Brockelmann, Das Arab. und seine Mundarten. In: HO III 2/3, 207—245.

[3]) M. Höfner, Das Südarab. der Inschriften und der lebenden Mundarten. Ebd., 314—341.

[4]) E. Littmann, Die äth. Sprache. Ebd., 350—375.

[5]) E. Edel, Altäg. Grammatik I, § 570—596; H. Kees, Altägypt. In: HO I 1, 68—72.

[6]) Vgl. die durch O. Rößler, Verbalbau und Verbalflexion in den semito-hamitischen Sprachen. ZDMG 100 (1950), 461—514, ausgelöste Diskussion. Zur Lit. s. S. Moscati (oben S. 13, Anm. 4), 19—22.

nal- und Verbalflexion von allen übrigen Sprachen der Menschheit unterscheiden.

§ 3. Gemeinsemitisch

1. Die sem. Sprachen weisen so starke Verwandtschaft untereinander auf, daß man trotz der meist vokallosen Überlieferung ziemlich leicht ein gemeinsem. Sprachgut herausarbeiten kann. An diesem Gemeinsem. haben die Einzelsprachen ihren mehr oder weniger individuell ausgeprägten Anteil, und es trägt wesentlich zu deren Verständnis bei, wenn man in den Grundzügen um die Gemeinsamkeiten Bescheid weiß. Bei dem Bemühen, den Zusammenhang der verschiedenen sem. Sprachen genetisch zu verstehen, hat man aus dem Gemeinsem. ein Ursem. als Stammidiom für alle historisch erfaßbaren Sprachen rekonstruieren wollen. Aber alle derartigen Versuche müssen bei dem zur Verfügung stehenden Quellenmaterial als gescheitert angesehen werden, da es wohl bei den Semiten ebensowenig wie in anderen großen, später sich auseinander entwickelnden Völkerverbänden jemals eine gemeinsame Umgangssprache, sondern — entsprechend ihrer gesellschaftlichen Aufgliederung — immer nur Dialekte gegeben hat, die durch einen bestimmten Grundtypus gekennzeichnet waren.

2. Im folgenden seien einige Hauptmerkmale der sem. Sprachen aufgeführt, die zwar nicht alle genuin sem. sind, die aber, da sie zusammen auftreten, dem Sem. das typische Gepräge geben[1]).

a) Sieht man von den einzelsprachlichen Veränderungen ab, die — wie im Akkad. — nicht selten auch ethnisch bedingt sein können, so fällt das Sem. durch seine Laryngale

---

[1]) G. Bergsträßer, Einführung in die sem. Sprachen (München 1928), 3—19; B. Spuler, Der sem. Sprachtypus. In: HO III 1, 3—25.

', *h*, *ḥ*, und ' auf, wovon ' außerhalb des Sem.-Äg. nur sehr selten, *ḥ* anscheinend gar nicht belegt ist; desgleichen durch velares *q* und die velarisierten Laute *ṭ*, *ṯ*, *ṣ* und *ḍ*. Diese Laute und, in Verbindung hiermit, die eigenartig tiefe Sprechbasis geben dem Sem. einen dumpfen Klang.

b) Nach sem., bereits den ältesten Alphabet-Texten zugrunde liegender Auffassung haftet der Begriff eines Wortes am Konsonanten. Der Vokal verleiht dem Konsonanten lediglich seine „Schwingung" und dient mit zur näheren Bestimmung der Wurzelbedeutung im Sinne des Einzelbegriffs. Als Grundlaute im Sinne sonantischer Grenzwerte begegnen schon in den ugar. Tontafeln drei Vokale *a*, *i*, *u* bzw. *ā*, *ī*, *ū*. Diphthonge als Verbindung mehrerer Vokale kann es demnach nicht geben. Der Diphthong *aw (au)* oder *ay (ai)* ist stets eine Verbindung von Halbvokal mit heterogenem Vokal. Das Vorherrschen der Konsonanten hat sich erst im Laufe der vorgeschichtlichen Entwicklung herausgebildet. Die Substantive lassen teilweise eine ältere Stufe erkennen, wo der Vokal, wie etwa im Indogerm., noch gleichberechtigt neben dem Konsonanten steht.

c) Die Wurzeln bestehen meist aus drei Konsonanten oder Radikalen (*qtl* = I *q*, II *t*, III *l*), ausgenommen Pronomina, echte Partikeln und altertümliche Substantive. Ältere zweiradikalige Wurzeln nehmen bei langem mittleren Vokal einen dritten Konsonanten als mittleren Radikal an (Stämme II *w*/*y*), oder sie verdoppeln — bei kurzem Vokal — den zweiten Wurzelkonsonanten (Stämme II gem.). Aus der Wurzel entsteht die Einzelform durch Vokalwechsel und Dehnung, innere konsonantische Vermehrung (Verdoppelung bzw. Dehnung und Infigierung) sowie durch Antritt von Prä- und Afformativen. Mangels echter Präpositionen fehlen nominale und verbale Komposita.

d) Beim Tätigkeitswort ist primär verbal die Präformativkonjugation, traditionell als „Imperfektum" bezeichnet.

Flektiert wird sie durch Prä- und Afformative. Im Akkad. ist sie in ein „Präteritum" oder „Punktual" *(iprus)* und ein „Präsens" oder „Durativ" *(iparras)* gespalten. Hatte bisher dieses Präs. nur im äth. Ind. *yeqáttel* neben dem Juss. *yéqtel* eine westsem. Entsprechung, so scheint neuerdings das Ugar. neben dem Prät./Juss. *yaqtul* und dem Narr. *yaqtulu* auch ein Präs. bzw. einen Durativ *yaqattalu* zu bieten. Allerdings erlaubt die ugar. Konsonantenschrift keinen bindenden Schluß. Dagegen bieten die Mari-Texte einige Male die akkad. Subj.-Form *iparrasu* synt. fehlerhaft oder zumindest auffallend, was sich leicht daraus erklärt, daß der amurritische Schreiber unter dem muttersprachlichen Einfluß von westsem. gleichlautendem, jedoch bedeutungsverschiedenem *yaqattalu* stand[1]). Damit dürfte für das Altwestsem. die Existenz der Form *yaqattalu* erwiesen sein; in der Tat begegnen im Hebr. unter Einschluß des Sam. mit seinem altwestsem. Substrat *yaqattalu*-Bildungen bis hinein in die Texte von Qumran[2]). Erst im Jungwestsem. — so in der Hauptschicht des Hebr., ferner gänzlich im Phön., Aram. und Arab. — ist altes *yaqattalu* entweder geschwunden oder im Intensiv unter analogischer Bildung der fehlenden Formen aufgegangen.

Gegenüber dem Akkad. unterscheidet sich die westsem. Präformativkonjugation dadurch, daß sie — abgesehen vom Prät./Juss. *yaqtul* — nur subjektive Zeitstufen (Vergangenheit, Gegenwart, Zukunft) sowie einen konstativen (Punktual) und einen kursiven (Durativ) Aspekt kennt, darüber hinaus aber als Modi im eigentlichen Sinne des Wortes den

[1]) W. J. Moran (oben S. 14, Anm. 2), 65f., in Auseinandersetzung mit A. Finet, L'accadien des lettres de Mari (Brüssel 1956), 262 (§ 91f).

[2]) R. Meyer, Spuren eines westsem. Präs.-Fut. in den Texten von Chirbet Qumran. In: Eißfeldt-Festschr., 118—128; ders., Das hebr. Verbalsystem. SVT VII. 309—317.

„Indikativ" oder „Narrativ" *yaqtulu*, den „Subjunktiv" oder „Finalis" *yaqtula* und den „Energicus" *yaqtulan(na)* entwickelt hat. Für die beiden ersten Modi wird im folgenden nur noch die Bezeichnung „Narrativ" und „Finalis" angewendet.

Die Afformativkonjugation oder das „Perfektum" *qatila*, *qatula*, *qatala* stellt von Haus aus die Verbindung eines statischen bzw. Zustandsverbums oder eines Adj. mit einem enklit. Personalpronomen dar. Sie begegnet in ihrer reinen Form im akkad. „Permansiv" oder „Stativ" (*ḫalqāku* „ich bin abgängig"), zeigt ihren statischen Charakter noch sehr stark im Ugar. und wiederholt sich in der syr. Partizipialkonjugation. Im Westsem. liegt insofern eine Weiterentwicklung vor, als hier die statische Afformativflexion in Gestalt der fientischen Bildung *qatala* auch auf den Vorgang ausgedehnt worden ist. Damit war der Ansatz dafür geschaffen, daß in der Folge afformatives *qatala* zunehmend als Punktual vor allem in präteritaler Funktion gebraucht werden konnte und damit zum Prät./Juss. *yaqtul* und zum Narr. *yaqtulu* in Konkurrenz trat.

Ein besonderes Kennzeichen des Verbums sind die zahlreichen Stammesmodifikationen: Aktiv, Passiv (westsem.), Medium, Reflexiv, Intensiv, Konativ, Kausativ. Sie verleihen der Sprache bei Konzentration im Ausdruck eine Fähigkeit zu feiner Nuancierung.

e) Man unterscheidet beim Pronomen, Verbum und Nomen zwei Genera, Maskulin und Feminin, dieses weithin als Neutrum gebraucht; dazu die drei Numeri Singular, Dual und Plural.

f) Das Nomen verfügt im Sg. über drei Kasus: den Nom. als Subjektskasus auf *-u*, den adnominalen Gen. auf *-i* und den adverbalen Akk. auf *-a*. Im Du. und Pl. begegnen ein Casus rectus auf *-ā* bzw. *-ū* und ein Casus obliquus auf *-ay* bzw. *-ī*. Steht das Nomen isoliert, so erscheint es im „Status absolutus". In Verbindung mit einem folgenden Gen. steht das Nomen in einer kürzeren Form, dem „Status constructus".

Eine Determination, d. h. eine unserem Artikel entsprechende Näherbestimmung, begegnet altsem. nur gelegentlich; hierfür wird im Akkad. — *šarrum-ma* „der König"[1]) — und Ugar. —*'*ilu-ma* „der Gott"[2]) — das an sich mehrdeutige Enklitikum *-ma* gebraucht. Später bezeichnet man das determinierte Nomen durch ein proklit., zuweilen auch durch ein enklit. (so im Aram.) Deuteelement. Im ersteren Fall spricht man vom „Artikel", in letzterem vom „Status emphaticus" oder „Status determinatus".

g) Abgesehen vom Akkad., das ein adj. Possessivpronomen kennt, gibt es nur subst. Fürwörter. Das selbständige Pronomen begegnet in der Regel nur im Nom.; doch findet sich auch selbständiger Gen./Akk., so im ugar. **huwati* und akkad. *šuati* „seiner"/„ihn". Zur Kennzeichnung des Attribut- oder Objektverhältnisses geht das Pronomen in einer enklit. Form als Suffix mit seinem Beziehungswort eine feste Verbindung ein; Gen.- und Akk.-Suffixe haben zuweilen verschiedene Gestalt.

h) Die Zahlwörter, außer den Adjektiven für „eins" und „zwei", sind Substantive. „Zwanzig" ist wohl ursprünglich Du. von „zehn", „dreißig" bis „neunzig" sind Plurale von „drei" bis „neun" und zeigen dekadisches Prinzip. Die Zahlen von „drei" bis „zehn" disgruieren mit dem Beziehungswort, zu einem M. tritt ein f. Zahlwort und umgekehrt. Bei den übrigen Zahlen steht der gezählte Gegenstand teils appositionell im entsprechenden Kasus, teils im Akkusativ.

i) Die Syntax ist ihren Grundzügen nach einfach. So steht im attributiven Verhältnis zweier Substantive, der Gen.-Verbindung, an erster Stelle das regierende Nomen im St.

[1]) W. v. Soden, Akkad. Grammatik, §§ 38 h; 123.

[2]) J. Aistleitner, Wörterbuch, Nr. 1494.

cstr. (regens), während ihm das regierte Nomen (rectum) im Gen. und St. abs. folgt. Beide bilden zusammen eine Akzenteinheit. Man unterscheidet ferner den Nominalsatz, von Haus aus ohne die Kopula „sein“ und mit der durchschnittlichen Reihenfolge Subjekt — Prädikat, vom Verbalsatz, bei dem das Verbum meist am Anfang steht. Bei dieser Verbstellung begegnet oft Disgruenz zum folgenden Subjekt. Im Satzgefüge herrscht die Parataxe. Den Übergang zur Hypotaxe bilden die einführungslosen Nebensätze, die noch in der durchgebildeten arab. Syntax begegnen. Der Relativsatz steht teils parataktisch neben seinem Beziehungswort, teils auch im ideellen Gen.-Verhältnis; vgl. akkad. *awāt iqbū* „das Wort, [das] er sagte“. Im übrigen aber gehen die Einzelsprachen in der Syntax weithin eigene Wege.

3. Von allen Idiomen hat das Arab. den Charakter des Sem. bis zur höchsten Stufe entwickelt. Es hat den ursprünglichen Lautstand am reinsten bewahrt und das Wesen des Sem. trotz einem gewissen, im Systemzwang begründeten Schematismus zu vollendetem Ausdruck gebracht. Ohne das Arab. kann man weder den sem. Grundtypus erfassen noch eine Einzelsprache verstehen. Eine besondere Bedeutung hat es für die hebr. Grammatik deshalb, weil die arab. Grammatik für die mas. Tätigkeit von grundlegender Bedeutung geworden ist. Daneben hat freilich die neuere Forschung gezeigt, daß man das Arab. nicht unbesehen zum Maßstab für Sprachgeschichte und Sprachvergleichung nehmen darf. Für das Verständnis des teilweise altertümlicheren Hebr. wird man daher weitgehend das Akkad. — trotz seiner frühzeitigen Sonderentwicklung — und die altwestsem. Dialekte Syriens heranzuziehen haben.

§ 4. Kanaanäisch

1. Ebensowenig wie über die Gruppierung der sem. Idiome im großen Rahmen der Sprachfamilie (§ 2, 3) herrscht Einig-

keit darüber, wieweit sich die vor- und nichtaram. Dialekte Syriens zu einer höheren Einheit, d. h. zu einer „Sprache" zusammenfassen lassen. Die im folgenden zu nennenden altsyr. Dialekte oder auch Mundartengruppen besitzen jedoch Eigenschaften, die sie ganz oder teilweise gemeinsam haben und durch die sie sich vom aram. Sprachtypus unterscheiden; daher erscheint es noch immer als berechtigt, von „kanaanäischen" Dialekten und damit von der „kanaanäischen Sprache" als deren Oberbegriff zu reden, wobei selbstverständlich Sonderentwicklungen der einzelnen Mundarten — eventuelle Gemeinsamkeiten mit dem Aram. eingeschlossen — von vornherein in Rechnung gestellt sind.

2. Trotz der epochemachenden Entdeckungen in neuerer Zeit wissen wir über die kan. Mundarten nur zum kleinsten Teile Bescheid. Was hiervon gegenwärtig greifbar ist, verteilt sich auf Syrien folgendermaßen:

a) Nordkanaanäisch. Sieht man von den amurritischen Namen z. B. im nordsyr. Alalach ab, die der Zeit Hammurabis (1728—1686) und dem 15. Jh. angehören[1]), so ist bisher das Ugaritische der einzige nordkan. Dialekt, von dem wir uns ein Bild machen können. Das Ugar. trägt seinen Namen nach der uralten, bis in die vorkeramische Jungsteinzeit (7./6. Jt.) zurückreichenden Hafenstadt Ugarit, die — bezeugt z. B. in den Korrespondenzen von Mari (18. Jh.) und Amarna (14. Jh.) — im 2. Jt. eine höchst bedeutende Industrie- und Handelsmetropole darstellte. Die 1929 begonnenen, nach der Unterbrechung durch den Krieg wiederaufgenommenen und heute noch keineswegs abgeschlossenen französischen Grabungen haben Tontafeln in alphabetischer Keilschrift zutage gefördert, die vorwiegend der letzten Hochblüte Ugarits im 14. Jh. angehören. Diese Texte bieten einen altnordwestsem. Dialekt, der Beziehungen zum Amur-

[1]) D. J. Wiseman, The Alalakh Tablets (London 1953); hierzu W. J. Moran (oben S. 14, Anm. 2), 67, Anm. 16f.

ritischen der Mari-Tontafeln, zum Phön. und Hebr. aufweist, ohne mit einer dieser Mundarten identisch zu sein. Wertvoll ist das Ugar. für die Hebraistik vor allem, weil es einerseits in das Altwestsem. der voramurritischen Periode zurückführt, anderseits die Entwicklung zum Jungwestsem. nur teilweise mitgemacht hat[1]). Seit dem Untergang des Stadtstaates von Ugarit in den Völkerstürmen um 1200 ist dieser archaische Dialekt nicht mehr greifbar.

b) Mittelkanaanäisch. Die kan. Mundartengruppe Mittelsyriens, zu der z. B. berühmte Städte wie das uralte Byblos, Sidon und Tyrus gehören, wird als Phönikisch bezeichnet; ihm entspricht das Punische in den phön. Kolonien vor allem Nordafrikas wie auch im übrigen Mittelmeerbereich[2]). Inschriftlich im Linearalphabet seit dem 11./10. Jh. belegt, begegnet das Phön. in pun. Gestalt noch in den ersten Jhn. n. Chr. In das 14. Jh. v. Chr. führen einige, allerdings sehr wertvolle Andeutungen in den Amarna-Briefen; sie vermitteln hier und da einen Einblick in ein älteres Stadium des Dialektes von Byblos[3]). Von der original-phön. Literatur ist nichts mehr erhalten.

c) Südkanaanäisch. In der Amarna-Korrespondenz der äg. Könige Amenophis III. (1413—1377) und Amenophis IV. (1377—1358) mit den syr.-pal. Vasallenfürsten begegnen im Rahmen der akkad. abgefaßten Texte Kanaanis-

---

[1]) C. H. Gordon, Manual; PRU II; J. Aistleitner, Wörterbuch; A. Kuschke, H. Donner, O. Eißfeldt, Ugarit. In: RGG³ VI, 1100—1106 (Lit.); A. Jirku, Kan. Mythen und Epen aus Ras Schamra-Ugarit (Gütersloh 1962); Cl. F.-A. Schaeffer, Neue Entdeckungen in Ugarit. AfO 20 (1963), 206—215; ders. (Hrsg.), Ugaritica IV. Mission de Ras Shamra. Tome XV (Paris 1962).

[2]) Z. S. Harris, A Grammar of the Phoenician Language (New Haven 1936); J. Friedrich, Phön.-pun. Grammatik; KAI I, 1—32.

[3]) W. J. Moran (oben S. 14, Anm. 2), 57—65; J. Deshayes, Byblos. In: RGG³ I, 1557f. (Lit.).

men und kan. Glossen von altertümlichem Charakter; z. B. *'abadat* (EA 288, 52: Jerusalem), vgl. hebr. אָבְדָה *'åḇᵉḏå* „sie ist verloren" und juss. *yazkur-mi* (EA 228, 19: Hazor), vgl. hebr. יִזְכֹּר *yizkor* „er gedenke doch". Diese Texte, von denen überdies der eine oder andere Brief zum Teil kan. abgefaßt ist, weisen auf ein Idiom hin, bei dem man fragen kann, ob es als selbständiger Dialekt oder als vorhebr. anzusehen ist. In Anbetracht dessen, daß das Hebr. eine landesgebundene Mundartengruppe darstellt (§ 5, 3), wird im folgenden das Kan. der Amarna-Briefe, soweit es den pal. Raum als das Siedlungsgebiet Israels voraussetzt, als Vorhebräisch bezeichnet. Weiterhin gehört zum Südkan. das Hebräische (§ 5) als die für uns bedeutsamste Dialektgruppe, die seit dem 11. Jh. quellenmäßig in Erscheinung tritt. Des weiteren ist das Moabitische zu erwähnen. Für diesen ostjordanischen Nachbardialekt des Hebr. liegt nur die Inschrift des Königs Mesa (um 850; vgl. 2. R. 3, 4—27) vor[1]. Das Moab. berührt sich in seinen Abweichungen vom Hebr. teils mit dem Phön., teils geht es eigene Wege. Vom Ammonitischen und Edomitischen haben wir bislang nur Spuren.

3. Aus der inneren Entwicklung des Kan. seien einige Hauptmerkmale, die für das geschichtliche Verständnis des Hebr. bedeutsam sind, angeführt:

a) Lautverschiebung. Mit dem Akkad., zum Teil auch mit dem Äth., haben die kan. Dialekte den Übergang der altsem. dentalen Spiranten *ḏ* und *ṯ* sowie *ḏ̣* und *ṯ̣* zu den S-Lauten *z*, *š* und *ṣ* gemein. Im Ugar. sind diese Laute im wesentlichen noch erhalten. Nur *ḏ* ist, wenngleich nicht vollständig, wie im Aram. zu *d* verschoben, und *ṯ* wurde auf der Spätstufe (14. Jh.) bereits ganz oder teilweise als *š* gesprochen, wie aus der ugar.-akkad. ABC-Tafel PRU II 189 her-

[1]) KAI I, 33.

vorzugehen scheint. Weiterhin fallen die ugar. noch unterschiedenen Laryngale und Velare *ḥ* und *ḫ*, ʿ und *ġ* zu *ḥ* und ʿ zusammen. Allerdings handelt es sich hierbei um einen langen Prozeß, der sich im Hebr. teilweise bis in hell.-röm. Zeit erstreckt (§ 22, 3). Außerdem gilt als kan. Kennzeichen der Wandel von betontem *ā* zu *ō*. Er begegnet jedoch noch nicht im Ugar., und in den übrigen Dialekten hat er sich keineswegs in dem Maße wie im Phön.-Pun. durchgesetzt. Dies gilt besonders für das Hebr. mit seinem Nebeneinander von *a*- und *o*-Vokalismus[1]) (§ 23, 1a).

b) Das Nomen. Während das Ugar. noch die volle Kasusflexion kennt, gehen späterhin die Sg.-Endungen verloren; im Du. und Pl. schwindet der Casus rectus und der Casus obliquus übernimmt seine Funktionen mit.

c) Das Verbum. Das Altkan. verfügt nach Ausweis des Ugar. über eine synt. abgerundete Präformativkonjugation. Als erzählender Modus, der alle Zeitstufen umfaßt und vorwiegend als konstativer Aspekt (Punktual) anzusprechen ist, fungiert der Narr. *yaqtulu*, daneben der Finalis *yaqtula* und höchstwahrscheinlich der Durativ *yaqattalu* (vgl. § 3, 2d) mit vorwiegend Präs./Fut.-Bedeutung, während der Energ. I (und II) terminativ und verstärkend gebraucht wird. Hierzu kommt altes *yaqtul* als Prät./Juss. sowie der Imp./Inf. *qtul*/*qutl*. Für sich steht der nominale Stativ zur Bezeichnung des Zustandes. Mit dem zunehmenden Aufkommen des fientischen *qatala* vor allem in punktual-präteritaler Funktion ändert sich die Struktur des Verbalsystems. Zunächst scheint es überhaupt gestört zu sein; dieses Stadium vermitteln offenkundig die ugar. Texte (§§ 100, 1. 2 a; 101, 1). Allmählich kristallisiert sich das jungwestsem. Schema heraus: Afformatives *qatala* tritt weitgehend an die Stelle von präteritalem *yaqtul* und übernimmt vom Narr.

[1]) R. Meyer, Bemerkungen zu den hebr. Aussprachetraditionen von Chirbet Qumran. ZAW 70 (1958), 39—48.

yaqtulu weithin die Vergangenheits-, nicht dagegen die präsentisch-futurischen Funktionen. Im wesentlichen zum Präs./Fut. reduziert, fällt letzterer mit durativem *yaqattalu* zusammen, das seinerseits morphologisch verschwindet (vgl. § 3, 2d). Damit ist das Nebeneinander von *qatala* als konstativem Aspekt oder Punktual mit vorwiegend präteritaler Funktion und *yaqtulu* als Durativ oder kursivem Aspekt mit hauptsächlich präsentisch-futurischer Funktion gegeben, das die weitere Entwicklung der gesamten verbalen Syntax auf jungwestsem. Sprachstufe bestimmt hat.

Von hier aus setzt seit dem Ende des 2. Jts. eine morphologische und synt. Vereinfachung des Verbalsystems ein, die am Ende dazu führt, daß der Punktual *qatala* sekundär zum Prät. wird, daß der Durativ *yaqtulu* einen Teil seiner kursiven Funktionen an das als finite Verbform gebrauchte Part. abtritt und nunmehr als Präs./Fut. unter Betonung der zweiten Funktion erscheint, und daß das Part. einen Durativ I für die Gegenwart und II (mit Hilfsverb) für die Vergangenheit bildet, womit ein dreigestuftes Tempussystem erreicht ist.

Freilich gehen hierbei die einzelnen Idiome ihre eigenen Wege. Für das Hebr. insbesondere gilt, daß sowohl *qatala* > *qāṭal* als auch *yaqtulu* > *yiqṭol* nicht ausschließlich als konstative und kursive Aspekte anzusprechen sind, sondern daß sie einen guten Teil ihrer älteren Funktionen beibehalten haben; hierzu kommt, daß das alte Prät./Juss. *yaqtul* sich bis weit in nachexilische Zeit als präteritales „Imperf. cons." *wayyiqṭol* erhalten hat und z. B. der Energ. zumindest morphologisch noch lange eine Rolle spielt.

§ 5. Geschichte des Hebräischen

1. Das Hebräische gliedert sich in drei Abschnitte: Althebr., Mittelhebr. und Neuhebr. der Gegenwart, das offiziell als „Ivrit" bezeichnet wird. Althebr., als Gegenstand dieser

Grammatik kurz „Hebr." genannt, umfaßt als Sprache des AT einen Zeitraum von etwa 1000 Jahren. Man unterscheidet eine ältere, bis etwa 500 v. Chr. reichende, und eine jüngere Sprachstufe. Letztere überschneidet sich in Sir. (um 190) und Qoh. mit dem Mittelhebr. Als Quellen sind außer dem AT zu nennen: der Bauernkalender aus Gezer (10. Jh.), die Ostraka von Samaria (8. Jh.), die Siloah-Inschrift aus Jerusalem und die Grabinschrift für Sebna (?), Hiskias Hausminister (vgl. Jes. 22, 15), aus Silwān bei Jerusalem (um 700), Siegel mit hebr. Aufschriften, die Ostraka von Lachis (um 600), Münzen, Krugstempel und beschriftete Gewichte[1]. Zu diesen Kleintexten kommt als zugleich ältester sem. Papyrus das jud. Palimpsest Mur. 17 aus dem 8./7. Jh., das ein Brieffragment und einen kurzen Wirtschaftstext enthält[2].

2. Von besonderer Bedeutung für die Geschichte des Hebr. sind die in der Wüste Juda nahe dem Toten Meere gefundenen Handschriften auf Leder und Papyrus, Ostraka und Graffiti aus der Zeit zwischen dem 3. Jh. v. Chr. und dem 2. Jh. n. Chr. An Hauptfundstätten seien genannt: Qumran[3], wo in 11 Höhlen mehr als 500 meist fragmentarische biblische und andere literarische Texte (3./2. Jh. v. Chr. bis 1. Jh. n. Chr.) geborgen worden sind[4], und Wadi Murabbaʿāt mit 5 Höhlen, die — abgesehen von dem bereits erwähnten Papyrus Mur. 17 — vor allem Bibelfragmente sowie Rechts- und Wirtschaftsurkunden (zumeist 2. Jh. n. Chr.), aber auch zwei Originalbriefe Simon ben Kosibas (Bar Kochba) enthielten. Neben diesen beiden jordanischen Fund-

---

[1] F. M. Cross, jr., Epigraphik I. In: RGG³ II, 523—526 (Lit.); KAI I, 34—36.

[2] DJD II, 93—100.

[3] Zum Namen vgl. R. Meyer, Das Gebet des Nabonid. SAL 107/3 (Berlin 1962), 9, Anm. 9.

[4] M. Burrows, Qumran 1. In: RGG³ V, 740f. (Lit.); R. Meyer, Qumran 3. Ebd., 742—745 (Lit.).

plätzen sei auf israelischem Gebiet Naḥal Ḥævær erwähnt, wo 1960 15 Briefe aus der Korrespondenz des Simon ben Kosiba und 1961 zahlreiche weitere Dokumente entdeckt wurden, die wertvolle Einblicke in die sprachlichen Verhältnisse Judäas um 130 n. Chr. vermitteln[1]).

3. Die Israeliten fanden bei ihrer Landnahme vom 14. bis 12. Jh. das Hebr. als landschaftsgebundenen Dialekt vor. Soweit sie — etwa in ihrer jüngsten, die Landnahme abschließenden Schicht — ein dem Altaram. verwandtes Idiom sprachen (vgl. Dt. 26, 5), gaben sie ihre Muttersprache auf, nicht ohne die „Sprache Kanaans" ihrerseits zu beeinflussen. So setzt zwar das Hebr. einerseits den in der Amarna-Korrespondenz belegten Wandel von *ā* zu *ō* in langer Drucksilbe (§ 4, 3a) voraus, anderseits erscheint *ā* z. B. in *qām* „stehend" neben seltenerem, phön. Vokalismus[2]) entsprechendem *qōm* (2. R. 16, 7). Auch begegnet — wie im Moab. — zuweilen Diphthongierung bei kan. monophthongischen Bildungen; z. B. **bēt*/*bayt* „Haus", **yēn*/*yayn* „Wein" und **mōt*/*mawt* „Tod", wobei zu beachten ist, daß die samarischen Ostraka aus der 2. Hälfte des 8. Jhs. nur **yēn* kennen[3]).

4. Obwohl das Hebr. von Haus aus keinen homogenen Dialekt, sondern eine Mundartengruppe darstellt, haben sich im AT nur geringe Spuren von Dialektunterschieden erhalten. So sprachen nach Jdc. 12, 6 die Ephraimiten *š* als *ś* aus; auch die unterschiedliche Bildung des Infinitivs der Verben III *y* mögen dialektisch begründet sein. Weit mehr als die mas. Tradition zeigen die Qumran-Texte mundartliche Eigenheiten. So finden sich hier z. B. neben *hū* „er" und *hī* „sie" noch die alten Vollformen *hūʼā* und *hīʼā*, die ugar. und arab. *huwa* und *hiya* entsprechen. Außerdem bietet Qumran

[1]) C.-H. Hunzinger, Qumran 6. Ebd., 754—756 (Lit.).
[2]) J. Friedrich, Phön.-pun. Grammatik, § 168.
[3]) KAI I, 34.

eine Reihe von Bildungen, die im Sam. ihre Entsprechung haben, so daß hierdurch die sam. Aussprachetradition in völlig neuem Lichte erscheint[1]). Allerdings ermöglicht es die Spätstufe von Qumran nicht mehr, die stark gemischten Ausspracheformen dialektgeographisch mit Sicherheit aufzugliedern.

5. Trotz der traditionsgeschichtlich bedingten Vereinheitlichung im sprachlichen Ausdruck lassen sich Spuren der Entwicklung feststellen. Dabei gelten zunächst die oben aufgezeigten gemeinkan. Entwicklungslinien, anderseits zeigt sich, ebenso wie im Phön., zunehmender Einfluß des Aram.; allerdings ist nicht in jedem Fall leicht festzustellen, welche Erscheinung auf innersprachliche Entwicklung zurückzuführen ist, welche andere aber, abgesehen von ganz offenkundigen Fällen, auf aram. Einfluß zurückgeht. So kann die Vereinfachung im verbalen Gebrauch mit dem Verlust der Konsekutivtempora ebenso innersprachlich erklärt werden wie etwa die Auflösung der suff. Verbformen durch solche mit nachfolgender suff. Akk.-Partikel, zumal da bereits ugar. neben dem Akk.-Suff. zumindest in der 3. Sg. M. und F. selbständiges **huwati* und **hiyati* (§ 3,2 g) belegt ist. Das gleiche gilt von der Geschichte des Stiles, der in älterer Zeit knapp und gedrungen ist und späterhin breit und aufgelockert erscheint. Anderes wieder zeigt deutlich aram. Einfluß, so etwa, abgesehen von einzelnen Wörtern, die Inf.-Bildung im Grundstamm nach der aram. Form *maqṭal* (§ 40, 4 a), im Steigerungsstamm nach *qaṭṭālat* (§ 38, 5 c), sowie die zunehmende Verwendung des Partizips.

6. Das Hebr. hat unter den Israeliten nur in vorexilischer Zeit geherrscht. Das in Mittel- und Nordsyrien seit der Jahr-

---

[1]) A. Murtonen, Vocabulary; ders. in: KG, 338—356 (Anhang II).

tausendwende dominierende und sich in den Großreichen mehr und mehr ausbreitende Aram. drang mit der assyr. und neubabyl. Herrschaft auch in Palästina vor. Mit dem Fall Samarias (721 v. Chr.) und Jerusalems (587) war der entscheidende Schritt in der Entwicklung getan. Das Aram. begegnet als Diplomatensprache um 701 (2. R. 18, 26) und um 600 in dem bisher ältesten aram. Papyrus, dem Bittgesuch eines philistäischen Stadtkönigs an den Pharao[1]). Es ist ferner die Sprache der jüd. Söldner von Elephantine, die spätestens zu Beginn des 6. Jhs. Palästina verlassen haben[2]), und das Idiom, in dem die auf Leder geschriebene Korrespondenz des persischen Satrapen Arsames abgefaßt ist (5. Jh.)[3]). Die Erhebung des Aram. zur Verkehrssprache im sem. Vorderasien durch die Achämeniden war nur der Abschluß der durch Assyrien angebahnten Entwicklung. Die Zweisprachigkeit führte zunehmend zur Vorherrschaft des Aram., während das Hebr. aus dem Alltag verdrängt wurde und sich zur Literatur- und Gebildetensprache entwickelte.

7. Die Herrschaft der aram. Gemeinsprache auch in den jüd. Teilen Palästinas führte jedoch nicht dazu, daß das Hebr. zur „toten" Sprache erstarrte. Vielmehr bildete sich in nachexilischer Zeit das Mittelhebr. heraus, bei dem man zwei Stufen unterscheidet: eine ältere, die z. B. durch Qoh., Tob., Sir. und die außerbiblischen Qumran-Texte verkörpert wird, sowie eine jüngere, die — vielfach auch als „Neuhebr."

---

[1]) KAI I, 51 (Nr. 266); R. Meyer, Ein aram. Papyrus aus den ersten Jahren Nebukadnezars II. In: Festschr. für F. Zucker (Berlin 1954), 253—262.

[2]) A. E. Cowley, Aramaic Papyri of the Fifth Century B. C. (Oxford 1923); E. G. Kraeling, The Brooklyn Museum Aramaic Papyri (New Haven 1953).

[3]) G. R. Driver, Aramaic Documents of the Fifth Century B. C. (Oxford 1954); ders., Aramaic Documents of the Fifth Century B. C., abridged and revised edition (Oxford 1957).

oder „Mischnisch" bezeichnet[1]) — bisher nur aus Mischna, Tosefta und den tannaitischen Midraschim bekannt war, die zu Anfang des 3. Jhs. n. Chr. redigiert worden sind. Die im gleichen Idiom abgefaßten Dokumente von Murabbaʿāt und Naḥal Ḥævær führen jetzt um ein Jh. zurück, und es scheint, als ob hierin ein jud. Dialekt vorliegt, der weit weniger in der althebr. Tradition steht, als dies noch beim älteren Mittelhebr. der Fall ist. Wenn dieses jüngere Mittelhebr. auch organisch gewachsen sein dürfte, so stellt es doch wohl keine „Volkssprache" im vollen Sinne des Wortes dar. Vielmehr zeigt die Statistik auf Grund der bisher bekannten Belege, daß es durchaus im Schatten des Aram. stand, von dem es nach Wortschatz und Grammatik stark beeinflußt ist, und daß man in Judäa, in dem es bodenständig war, außerdem in hell.-röm. Zeit die griech. Sprache verwendete. An dieser Dreisprachigkeit hat — unter Dominanz des Aram. — auch die religiös-nationale Welle unter Simon ben Kosiba nicht das geringste geändert[2]).

Vom 3. Jh. n. Chr. an tritt das Mittelhebr. mehr und mehr zurück. Das Aram. herrscht, wie das pal. und babyl. Traditionsgut zeigt, auch im akademischen Betrieb, bis es seit dem 7. Jh. n. Chr. dem Arab. erliegt. Aber die Blütezeit der islamischen Kultur bedeutet auch für das Hebr. ein Neuaufleben in Grammatik und Literatur und führt zu seiner endgültigen Fixierung. Im 13. Jh. setzt der Niedergang des Judentums ein; seitdem hat sich das Hebr. nicht mehr weiterentwickelt. Erst seit einem Menschenalter findet, unter zionistischem Einfluß, eine Neubelebung des Hebr. statt, das als „Ivrit" die Amtssprache des jungen Staates Israel darstellt.

---

[1]) K. Albrecht, Neuhebr. Grammatik (München 1913) = CLS V; M. Segal, A Grammar of Mishnaic Hebrew² (Oxford 1958).

[2]) DJD II, 69f.; hierzu R. Meyer, Der gegenwärtige Stand der Erforschung der in Palästina neugefundenen hebr. Handschriften: 47. Die vier Höhlen von Murabbaʿāt. ThLZ 88 (1963), 24f.

8. In der Überlieferung des AT ist streng zu unterscheiden zwischen dem Konsonantentext auf der einen und der Aussprachеüberlieferung auf der anderen Seite; man vgl. etwa den Konsonantentext *r'š*, der *ra'š* zu lesen ist, mit der traditionellen Aussprache *rōš* „Kopf". Ein Vergleich der AT-Fragmente von Qumran (bis etwa 70 n. Chr.) mit denjenigen von Murabba'āt (um 130) zeigt, daß die Fixierung des Konsonantentextes im Rahmen der Reorganisation des Judentums unter den pharisäisch-hillelitischen Führern der Synagoge erfolgt ist. Lassen sich in Qumran z. B. für den Pentateuch noch drei Überlieferungsstränge nachweisen — ein proto-mas., ein proto-sam. und die eigenständige Vorlage für G —, so ergibt sich aus Murabba'āt, daß die Rabbinen unter Benutzung des bereits im 1. Jh. n. Chr. in Palästina dominierenden proto-mas. Typus und unter Ausscheidung der konkurrierenden Traditionen den AT-Text normativ festgelegt haben. Diesen vereinheitlichten Text, der keinen „Urtext", sondern eine „Rezension" darstellt, bezeichnen wir als „masoretischen Text" (MT). Da der auf Grund dogmatischer Reflexionen uniformierte Text sich in relativ kurzer Zeit im Gesamtjudentum durchsetzte, nimmt es nicht wunder, daß alle AT-Handschriften keinerlei tiefgehende Varianten mehr aufweisen[1]).

9. Anders steht es mit der Ausspracheüberlieferung, die bis ins 9. Jh. n. Chr. nicht normativ festgelegt war. Hier unterscheiden wir die Anwendung von Vokalbuchstaben, die bis ins 9., wenn nicht 10. Jh. v. Chr. zurückreicht[2]), den Gebrauch griech. und lat. Umschriften in hell.-röm. Zeit und schließlich die Punktation. Letztere läßt sich seit dem 6. Jh. n. Chr. im Judentum belegen; ihre Entwicklung und Proble-

[1]) R. Meyer (oben S. 28, Anm. 4), 742—745.

[2]) Cross-Freedman; R. Meyer, Die Bedeutung der linearen Vokalisation für die hebr. Sprachgeschichte. WZ Leipzig 2 (1953/1954), 85—94.

matik aufgezeigt und durch seine Pionierleistung eine breite, noch keineswegs abgeschlossene wissenschaftliche Diskussion ausgelöst zu haben, ist das bleibende Verdienst von P. E. Kahle[1]). Die Schriftgelehrten, die sich, abgesehen von der Überlieferung des Konsonantentextes, mit der Aussprache und Akzentuierung befaßten, bezeichnet man als Masoreten. Man unterscheidet die Masoreten des Ostens (Babylonien) von denen des Westens (Palästina). Das Vorbild für die Punktation haben die Ostsyrer (Nestorianer) gegeben (§10). Sowohl für Palästina wie für Babylonien lassen sich verschiedene Systeme unterscheiden. Die ältere pal. und babyl. Punktation stellen supralineare, d. h. Systeme mit Vokalzeichen über den Konsonanten dar. Sind die älteren Systeme sehr einfach und bezeichnen sie die Aussprache vielfach nur dort, wo Vokalbuchstaben fehlen, so beruhen die komplizierten Punktationen auf systematischen phonologischen, phonetischen und morphologisch-synt. Erwägungen, die den gottesdienstlichen Vortrag des heiligen Textes sowie seine dogmatische Eindeutigkeit endgültig sicherstellen sollten.

Unsere Grammatiken fußen auf dem komplizierten System der Masoreten von Tiberias, genauer auf der Vokalisation und Akzentsetzung der Masoretenfamilie Ben Ašer (BA), die sich durch fünf Generationen (Ende 8. bis Anfang 10. Jh.) verfolgen läßt und mit P. E. Kahle den Karäern zuzurechnen ist[2]). Eng verwandt mit ihr ist die Schule Ben Naftali (BN), von der wir nur wenig wissen[3]). Hierzu kommt jetzt eine dritte Richtung, deren Eigenständigkeit Sh. Morag

[1]) KG, 55—199.
[2]) Ebd., 82—119.
[3]) L. Lipschuetz, Kitāb al-Khilaf. Mishael ben Uzziel's Treatise on the Differences between Ben Asher and Ben Naphtali. In: Textus 2 (1962), 1—58 [hebr.]; A. Díez Macho, A new list of the so-called „Ben-Naftali" Manuscripts, preceded by an inquiry into the true character of these Manuscripts. In: Driver-Festschr., 16f.

in Auseinandersetzung mit A. Sperbers verdienstvoller Ausgabe des berühmten Codex Reuchlinianus (R) zu den „Acht Propheten" (Jos. — Dodekapropheton) vom Jahre 1105 und anderer ihm verwandter Texte erwiesen hat[1]). Diese Schule steht, wie A. Díez Macho gezeigt hat, als „Pseudo-Ben Naftali" (PsBN) und „proto-tib." im Traditionszusammenhang mit der älteren pal. Punktation[2]). Die PsBN-Handschriften, in sich wiederum differenziert, waren nach Ausweis des span.-jüd. Grammatikers Menaḥem ben Saruq (um 960) im 10. Jh. weit verbreitet; ihre altertümliche Punktation gibt für die Vorgeschichte der BA-Masora wertvolle Aufschlüsse.

Daß innerhalb der tib. Überlieferung, die die babyl. Punktation verdrängt hat, BA für die Folgezeit maßgebend wurde, ist Maimonides (1135—1204) zu verdanken, der den BA-Kodex von Aleppo, den Aaron ben [Moše ben] Ašer (1. Hälfte 10. Jh.) zwar nicht selber geschrieben, wohl aber mit Vokalen und Akzenten versehen hat, zur Muster-Handschrift erklärte[3]). Freilich hat sich der BA-Text nicht rein durchgesetzt; der Normaltext in Gestalt des Textus receptus stellt vielmehr eine Mischform dar, in der zwar BA dominiert, doch daneben auch BN begegnet. Diesen Mischcharakter weisen alle seit 1477 vorliegenden Druckausgaben auf. Dies gilt besonders auch von der sog. „Zweiten Rabbinerbibel" von 1524/25, auf der die Textausgaben des 19./20. Jhs. — die zweite Auflage der von R. Kittel 1912 edierten Biblia Hebraica (BH) eingeschlossen — beruhen[4]). Als bisher für moderne wissenschaftliche Zwecke einzig brauchbare Ausgabe

[1]) Sh. Morag, The Vocalization of Codex Reuchlinianus: Is the „Pre-Masoretic" Bible Pre-Masoretic?. JSS 4 (1959), 216—237.

[2]) A. Díez Macho, (oben S. 34, Anm. 3), 2—26.

[3]) Yad ha-ḥazaqa. Hilchot sefer tora VIII, 4; I. Ben Zvi, The Codex of Ben Asher. In: Textus 1 (1960), 1—16; M. H. Goshen-Gottstein, The Authenticity of the Aleppo Codex. Ebd., 17—58.

[4]) KG, 139—151.

ist dieser Grammatik BH³ (1929—1937) zugrunde gelegt. Sie bietet mit der Handschrift B 19 A (L) der Shaltykow-Stschedrin-Bibliothek in Leningrad einen Text, der zwar nicht mit dem Musterkodex von Aleppo identisch ist, wohl aber auf Handschriften des Aaron ben [Moše ben] Ašer fußt, deren kleine Divergenzen sich noch aus den darin enthaltenen Korrekturen erkennen lassen. Dieser aus dem Jahre 1008 stammende Kodex hat gegenüber dem zu einem Viertel vernichteten Kodex von Aleppo, aber auch vor so wertvollen BA-Handschriften wie dem Kairoer Prophetenkodex des Moše ben Ašer von 895 oder dem alten Pentateuchfragment des Britischen Museums (Or. 4445) den nicht zu unterschätzenden Vorteil, daß er den gesamten AT-Text enthält; aus diesem Grunde wird er auch der im Gange befindlichen Neubearbeitung der BH zugrunde liegen, auf die im folgenden nach Maßgabe des Möglichen Bezug genommen wird[1]).

Erster Teil: Schriftlehre

§ 6. Zur Geschichte der Schrift

1. Nach ihrer Niederlassung in Palästina übernahmen die Israeliten im Rahmen des sich ihnen darbietenden kan. Erbgutes ein aus 22, teilweise mehrdeutigen Zeichen (z. B. Ṣade = ẓ und ṣ) bestehendes Konsonantenalphabet, das man zuweilen noch als „phönikisch" bezeichnet, dem aber besser die Benennung „kanaanäisch" zukommt. Den bisher ältesten inschriftlichen Beleg für die maßgebend gewordene Buchstabenform und linksläufige Schriftrichtung bieten drei beschriftete Pfeilspitzen aus al-Ḫaḍr, westlich Bethlehem, die ins 12. Jh. gehören. Mit dieser untersten zeitlichen Beleggrenze ist allerdings noch nichts über das tatsächliche Alter

[1]) Zur Einführung in die BH sei verwiesen auf: E. Würthwein, Der Text des AT² (Stuttgart 1963).

des kan. linearen Konsonantenalphabets ausgesagt. Frühformen für die hier begegnenden Linearbuchstaben finden sich in dem um 1800 anzusetzenden pal.-syr. Bilderalphabet und den proto-sinaitischen Schriftzeichen, die kan. Arbeiter oder Sklaven der äg. Türkis-Bergwerke auf der Sinai-Halbinsel um 1500 auf ihren Grabinschriften verwendeten[1]).

2. Das Prinzip der Konsonantenschrift geht wahrscheinlich auf die äg. Schreibkunst zurück; denn das Altäg. besaß 24 Einkonsonantenzeichen, die aus Phonogrammen gewonnen worden waren, die nur über einen starken Konsonanten verfügten[2]). Während aber die Ägypter diesen Ansatz niemals zu einem ausschließlich gebrauchten Alphabet systematisch ausbauten, richteten die Westsemiten — vielleicht auf Grund einer besonderen Begabung zu sprachlicher Abstraktion und Systematisierung — im Durchgangsland Syrien gerade hierauf ihr Augenmerk und sind so zu Erfindern des Alphabets als einer der größten Kulturtaten der Menschheit geworden. Zur Kennzeichnung der einzelnen Buchstaben bediente man sich der akrophonischen Methode; d. h. man wählte etwa für *b* das mit diesem Konsonanten beginnende Wort **bētu* (altkan.) bzw. **bēt* (phön.) mit dem entsprechenden Sinnzeichen in Gestalt eines Hausgrundrisses, das jedoch in der Folge zu dem Linearbuchstaben „Bet" abstrahiert wurde.

Für die Geschichte des kan. Alphabets ist das ugar. Keilschriftalphabet mit seinen 30 Konsonantenzeichen von wesentlicher Bedeutung. Dieses Alphabet, das 1930 von H. Bauer und E. Dhorme gleichzeitig entziffert wurde, fußt seiner Form nach nicht auf den äg. Hieroglyphen, sondern auf der akkad. Keilschrift. Allerdings zeigt die bereits erwähnte, 1955 entdeckte ugar.-akkad. Keilschriftsynopse PRU II

[1]) F. M. Cross, jr., The Evolution of the Proto-Canaanite Alphabet. BASOR 134 (1954), 15—24; ders. (oben S. 28, Anm. 1).

[2]) E. Edel. Altäg. Grammatik I, §§ 35f.; 109—146.

1891[1]), daß das ugar. Alphabet, das sporadisch auch in Palästina begegnet, lediglich auf der Technik der Keilschrift, nicht jedoch auf einzelnen akkad. Silbenzeichen fußt. Vielmehr sind die Buchstaben selbst frei erfunden, und sie scheinen — soweit die starre Form der Keile und Winkelhaken überhaupt einen Schluß zuläßt — teilweise am kan. Alphabet ausgerichtet zu sein. In der Tat ist das ugar. Tontafelalphabet jünger als letzteres; die erhaltenen ABC-Tafeln setzen nämlich nicht nur dessen Reihenfolge als bereits feststehend voraus, sondern sie weisen auch darauf hin, daß die ugar. Schreiber die kan. Buchstaben dort ergänzen wollten, wo einzelne Zeichen ein zu breites Lautband wiedergaben. Da nun aber die entsprechenden Buchstaben nirgends dort eingesetzt sind, wo sie phonetisch hingehören — z. B. steht *ġ* hinter *ṯ* statt hinter ʿ —, kann an dem sekundären Charakter des Keilschriftalphabets kein Zweifel sein. Hierzu kommt, daß es drei syllabische Zeichen enthält — Alef mit *a* am Anfang, Alef mit *i* und *u* am Schluß des ABC —, womit das Prinzip der reinen Konsonantenschrift nachträglich durchbrochen ist. Da nun das ugar. Alphabet im 14. Jh. längst eingebürgert war, muß es spätestens im 15. Jh. entstanden sein; daraus ergibt sich, daß das kan. Konsonantenalphabet um 1500, wahrscheinlich noch früher, nach Form und Reihenfolge bereits festgelegt war. Es muß also bei ziemlich frühzeitiger Abstrahierung seiner bilderschriftlichen Vorgänger in nicht allzu großem zeitlichen Abstand von der Erfindung des reinen Konsonantenprinzips entstanden sein, die kurz nach 2000 in Syrien erfolgt ist.

Das ugar. Alphabet hat die Stürme des 12. Jhs. nicht überstanden. Dagegen behauptete das kan. Konsonantensystem nicht nur in Syrien das Feld, vielmehr vermittelten die Phöniker um 800 den Griechen das von ihnen selbst einige

---

[1]) Oben S. 25.

Jhe. vorher übernommene kan. Alphabet. Letztere benutzten die Laryngalzeichen sowie die Buchstaben Waw und Yod konsequent zur Bezeichnung der Vokale und gaben damit dem Alphabet seine Vollendung (§ 9, 2). Durch griech. Vermittlung wurde es zur Mutter sämtlicher europäischer Schriftarten.

3. Unter den Israeliten war das kan. Alphabet vom 10. bis 6. Jh. im Gebrauch; es war die „Leuteschrift" (Jes. 8, 1), das „Demotische", in dem sämtliche bisher bekanntgewordenen Kleintexte aus jener Zeit abgefaßt sind. In dieser Funktion bezeichnet man es vielfach als „althebr.", doch entspricht die Benennung „hebr.-kan." besser dem geschichtlichen Sachverhalt. Darüber hinaus lebte die hebr.-kan. Schrift vom 6. Jh. v. Chr. bis zum 2. Jh. n. Chr. auch im Judentum fort. Münzen der persischen Tempelprovinz Jerusalem-Juda mit der Aufschrift **Yehud* (4. Jh.) sind ebenso hebr.-kan. abgefaßt wie die Prägungen der hasmonäischen Priesterfürsten (2.—1. Jh. v. Chr.) oder die Geldstücke aus dem ersten und zweiten jüd. Aufstand unter den Römern (66—73 bzw. 132—135 n. Chr.). Zudem wurde nach Ausweis der Qumran-Funde der hebr.-kan. Duktus auch noch in hell.-röm. Zeit bisweilen für die heiligen Schriften verwendet, wie denn auch die Samaritaner diese Schrift für ihren Pentateuch bis auf den heutigen Tag in einer Zierform weiterpflegen[1]). Erst die Rabbinen haben um die Mitte des 2. Jhs. n. Chr. die hebr.-kan. Schrift (כְּתָב עִבְרִי *kᵉṯåḇ ʿiḇrī*) als für heilige Texte unbrauchbar erklärt (Yadayim 4, 5) und sie damit praktisch abgeschafft.

4. Ebenso wie die Phöniker und Israeliten übernahmen auch die Aramäer das kan. Alphabet und bildeten es weiter. Diese aram. Spielart ist zusammen mit dem Aram. seit dem

[1]) Vgl. S. Talmon, Selections from the Pentateuch in the Samaritan Version (Jerusalem 1956/7).

8. Jh. im gesamten neuassyr. Reiche im Vordringen und erobert unter den Achämeniden (539—332) den Vorderen Orient. F. M. Cross jr., dem wir vor allem die erst neuerdings auf Grund der Entdeckungen von Qumran und Wadi Murabbaʿāt möglich gewordene Erschließung der jüd. Schriftgeschichte verdanken[1]), hat gezeigt, daß es nicht die aram. Lapidarschrift ist, die sich seit dem 6. Jh. allgemein durchsetzte, sondern daß die persische Kanzleischrift die weitere Entwicklung bestimmte. Im gleichen Maße, wie die Juden im persischen Imperium von Ägypten bis Babylonien aram. sprachen, bedienten sie sich auch hauptsächlich des aram. Duktus, der im Laufe der Zeit individuell geformt wurde, so daß man etwa seit der Mitte des 3. Jhs. v. Chr. von einer jüd.-aram. Schrift im Unterschied zu anderen aram. Spielarten reden kann. In dem schriftgeschichtlichen Prozeß, den wir von da ab verfolgen können, unterscheidet F. M. Cross jr. eine altjüd. (etwa 250—150), eine hasmonäische (etwa 150—30) und eine herodianische (etwa 30 v.—70 n. Chr.) Periode. Die Entwicklung kam im Rahmen der inneren und äußeren Reorganisation des Judentums um 100 n. Chr. zu einem Abschluß: Unter dem uniformierenden Einfluß des Rabbinats standardisierte man nach Ausweis der Murabbaʿāt-Texte aus der Traditionsmasse einen nachherodianisch-barocken Typus als sog. Buchschrift, was etwa unserer Antiqua entspricht; dieser Duktus wurde als כְּתָב מְרֻבָּע *keṯåḇ merubbåʿ* „Quadratschrift" oder auch כְּתָב אַשּׁוּרִי *keṯåḇ ʾaššūrī* „syr. Schrift" bezeichnet und erhielt für die Herstellung heiliger Texte kanonische Geltung. Daneben stand eine halbkursive Kanzleischrift und eine reine Kursive, die sich beide bis ins 2. Jh. v. Chr. zurückverfolgen lassen.

---

[1]) F. M. Cross, jr., The Oldest Manuscripts from Qumran. JBL 74 (1955), 147—172; ders., The Development of Jewish Scripts. In: Albright-Festschr., 133—202 (Lit.).

5. Wenn die jüd. Tradition behauptet, Esra habe die „assyrische", d.h. die syr. bzw. aram. Schrift aus dem Exil mitgebracht (babyl. Sanhedrin 21 b), ist das historisch falsch; dennoch ist diese Aussage wertvoll, weil sie ein dogmatisches Urteil wiedergibt: Die Rabbinen haben die hebr.-kan. Schrift abgestoßen und sich unter Berufung auf Esra für den jüd.-aram. Duktus autoritativ entschieden. Dieser Typus aber ist mit seinen drei verschiedenen Schriftarten — Buch- und Kanzleischrift sowie Kursive — für die Entwicklung in den folgenden Jhn. maßgebend geworden, was keineswegs ausschließt, daß sich auf dieser Basis in der Folge sekundär neue Schriftvarianten entwickelt haben. So unterscheidet man in der Quadratschrift z. B. den eckigen deutsch-polnischen und den mehr abgerundeten spanischen Buchstabentyp; als Halbkursive findet sich seit dem Mittelalter oft die sog. Raši-Schrift (genannt nach R. Šelomo ben Yiṣḥaqi [gest. 1105]), und außerdem bestehen zahlreiche örtlich unterschiedene Vollkursiven mit Vereinfachungen und Ligaturen[1]).

§ 7. Die Schriftzeichen

1. Zählt man im Hebr. *b g d k p t* nur einfach, *ś* und *š* als ein Zeichen, so erhält man 22 Konsonanten. Eine genaue Festlegung ihrer Aussprache ist erst durch die Masoreten erfolgt.

2. Die jetzige Buchstabenfolge ist durch das ugar. Alphabet bereits für das 14. Jh. v. Chr. bezeugt, dürfte aber nach § 6, 2 wesentlich älter sein.

3. Man schreibt und liest von rechts nach links. Beim Schreiben beginne man alle Druckbuchstaben der Quadratschrift an der linken oberen Ecke. Die 5 Buchstaben כ, מ, נ,

[1]) S. A. Birnbaum, The Hebrew Scripts. Part II: The Plates (London 1954—1957).

פ, צ haben am Wortende die Formen ך, ם, ן, ף, ץ (Finalbuchstaben). Vokalloses Schluß-Kaf erhält zur Unterscheidung von Nun finale Šwa quiescens (§ 13, 2): ךְ; vgl. סוּסֵךְ „dein (F.) Pferd“ mit סוּסֵן „ihr (F. Pl.) Pferd“. Die Wörter

Kanaanäisch	Quadrat	Raši	Kursiv	Name	Umschrift	Zahlenwert
𐤀	א	א	א	*'ắlæf*	ʾ	1
𐤁	ב	ב	ב	*bēṯ*	*b, ḇ*	2
𐤂	ג	ג	ג	*gímæl*	*g, ḡ*	3
𐤃	ד	ד	ד	*dắlæṯ*	*d, ḏ*	4
𐤄	ה	ה	ה	*hē*	*h*	5
𐤅	ו	ו	ו	*wắw*	*w (u̯)*	6
𐤆	ז	ז	ז	*záyin*	*z*	7
𐤇	ח	ח	ח	*ḥēṯ*	*ḥ*	8
𐤈	ט	ט	ט	*ṭēṯ*	*ṭ*	9
𐤉	י	י	י	*yōḏ*	*y (i̯)*	10
𐤊	כ, ך	כ, ך	כ, ך	*kaf*	*k, ḵ*	20
𐤋	ל	ל	ל	*lắmæḏ*	*l*	30
𐤌	מ, ם	מ, ם	מ, ם	*mēm*	*m*	40
𐤍	נ, ן	נ, ן	נ, ן	*nūn*	*n*	50
𐤎	ס	ס	ס	*sắmæḵ*	*s*	60
𐤏	ע	ע	ע	*ʿáyin*	ʿ	70
𐤐	פ, ף	פ, ף	פ, ף	*pē*	*p, f*	80
𐤑	צ, ץ	צ, ץ	צ, ץ	*ṣắḏē*	*ṣ*	90
𐤒	ק	ק	ק	*qōf*	*q*	100
𐤓	ר	ר	ר	*rēš*	*r*	200
𐤔	שׂ	שׂ	שׂ	*śīn*	*ś*	300
	שׁ	שׁ	שׁ	*šīn*	*š*	
𐤕	ת	ת	ת	*tắw*	*t, ṯ*	400

dürfen am Zeilenende nicht abgeteilt werden. Freibleibender Raum wird durch Breitziehen der Buchstaben א, ה, ל, ם, ת zu א, ה, ל, ם, ת ausgefüllt.

4. Neben den Buchstaben standen ursprünglich echte Zahlzeichen, die sich gegenwärtig für Israel bis etwa 800 zurückverfolgen lassen, jedoch älter sind. Das Zahlensystem, dessen sich die Israeliten bedienten, ist wahrscheinlich in Syrien entstanden; es ist bereits ugar. belegt[1]) und verwandt mit den äg. und babyl. Systemen. Unter den Achämeniden zusammen mit dem Aram. über das ganze sem. Vorderasien und Ägypten verbreitet, beruht es auf einer Kombination des Dezimal- und Sexagesimalprinzips. Die Grundsymbole sind „1", ein senkrechter Strich: | (ugar. senkrechter Keil), und „10", ursprünglich ein waagerechter Strich: —. Das Zeichen für „10" würde schon früh abgewandelt; so hat es in den samarischen Wirtschaftstexten (§ 5, 1) die Form eines griech. Lambda — Λ — (ugar. Winkelhaken), während die „5" als halbe „10" hier wie ein hebr.-kan. Gimel — ʌ — aussieht. Die Einer über „2" werden in Dreiergruppen gegliedert; so schreibt man z. B. „6" als ||| |||. Zuweilen begegnet, wie in Samaria, auch ein Zeichen für „4": ㄴ ; dementsprechend kann man z. B. „16" entweder aus 10 + 3 + 3 oder aus 10 + 4 + 2 zusammensetzen. Symbole für „100" und „1000" sind bisher nur altaram. belegt, doch ist anzunehmen, daß sie auch in Israel üblich waren. Dieses Zahlensystem, das über verschiedene kursive Formen und Ligaturen verfügte, hat auch im Judentum geherrscht und stand noch in den Wirtschaftstexten von Murabbaʿāt in voller Blüte[2]). Manche Fehler in den Zahlenangaben des AT mögen auf Verlesung von Zahlen zurückgehen[3]).

---

[1]) C. H. Gordon, Manual, § 7, 2.

[2]) DJD II, 97f. (Lit.).

[3]) H. L. Allrik, The Lists of Zerubbabel (Neh. 7 and Esr. 2) and the Hebrew Numeral Notation. BASOR 136 (1954), 21—27.

Erst im 2. Jh. v. Chr. kam — wahrscheinlich unter hell. Einfluß — die Verwendung von Zahlbuchstaben auf. Die Einer werden nach diesem System durch א „1“ bis ט „9“, die Zehner durch י „10“ bis צ „90“ und die Hunderter durch ק „100“ bis ת „400“ dargestellt. Die Hunderter über „400“ werden durch ת „400“ unter Addition der übrigen Zahlwerte bezeichnet: תק „500“, תר „600“, תש „700“, תת „800“, תתק „900“. Zuweilen gebraucht man für „500“ bis „900“ die 5 Finalbuchstaben in der alphabetischen Reihenfolge. Bei zusammengesetzten Zahlen steht die größere Ziffer (rechts) voran: יא „11“, קיא „111“, תרלב „632“ (= 400 + 200 + 30 + 2). Zur Vermeidung der Silbe יה, die den ersten Teil des Gottesnamens יהוה darstellt, schreibt man für die Zahl „15“ טו (= 9 + 6), vielfach auch für „16“ טז (= 9 + 7), um die in theophoren Namen begegnende Silbe יו zu vermeiden. Die Tausender werden meist durch die Einer mit zwei darüber gesetzten Punkten bezeichnet: א̈ „1000“, ב̈ „2000“. Zur Kennzeichnung einer Buchstabengruppe als Zahl gebraucht man zwei schräge, auch zur Abkürzung verwendete Striche zwischen den beiden letzten Zeichen, תרכ״ג = „623“. Im Kontext des AT begegnet dieses System ebenso wenig wie der Gebrauch echter Zahlsymbole; wahrscheinlich ist man seit hasmonäischer Zeit dazu übergegangen, die Zahlen in den heiligen Schriften und in der übrigen eigentlichen Literatur grundsätzlich auszuschreiben.

5. Abkürzungen kommen zwar in unseren Bibelausgaben nicht vor, finden sich aber in mittelalterlichen Handschriften bis hin zu Texten, die ganz in Abkürzungen gehalten sind[1]). Außerdem lassen sich manche Unstimmigkeiten im MT oder Differenzen zwischen MT und G nur so erklären, daß man bereits in alter Zeit Abbreviaturen gebraucht hat, die

[1]) Vgl. z. B. KG, 184.

später mißverstanden wurden[1]). In alten Handschriften und Drucken gilt ein Punkt auf der Oberlinie בֹ, später ein schräger Strich וגו׳ = וְגֹמֵר „und so weiter“, oder, bei Abkürzung einer durch die Anfangsbuchstaben gekennzeichneten Wortgruppe, ein schräger Doppelstrich vor dem letzten Buchstaben als Abkürzungszeichen, z. B. תנ״ך = תורה נביאים כתובים „Gesetz, Propheten [und] Hagiographen“[2]).

§ 8. Die Konsonanten

1. א ʾ, fester Stimmeinsatz, entspricht dem Knacklaut in „beʾachten“ zwischen *e* und *a*, ist aber ein echter Mitlaut und kann als solcher am Anfang oder am Ende einer Silbe stehen: אַ֫יִל *ʾáyil* „Widder“, יַאְדִּיר *yaʾdīr* „er verherrlicht“. Über nicht gesprochenes, quiescierendes א s. § 22, 3 a.

2. ב ג ד כ פ ת, *b g d k p t* (litterae *bᵉḡaḏkᵉfaṯ*), ursprünglich nur Verschlußlaute, weisen tib. eine doppelte Aussprache auf, explosiv, entsprechend deutschem *b g d k p t*, und als Reibelaut: *ḇ* wie *w*, wobei unentschieden bleibt, ob es labiodental (= franz. *v*) oder eher bilabial (= span. *v*) zu sprechen ist; *ḡ* wie norddeutsches *g* in „Tag“ oder auch nichtgerolltes Zäpfchen-*r*; *ḏ* gleich stimmhaftem engl. *th* in „father“; *ḵ* wie deutscher stimmlos-velarer „ach“-Laut, niemals jedoch gleich deutschem „ich“-Laut; *f* als stimmloser Reibelaut und *ṯ* gleich stimmlosem engl. *th* in „month“. Im Ivrit ist die Spirierung von *g d t* aufgegeben. Die explosive Aussprache wird tib. durch einen in den Buchstaben gesetzten diakritischen Punkt, das sog. Dageš lene (§ 14, 1), angedeutet: בּ גּ דּ כּ פּ תּ, die Spirierung dagegen durch das in unseren Druck-

---

[1]) Hierzu neuerdings: G. R. Driver, Abbreviations in the Massoretic Text. In: Textus 1 (1960), 112—131.

[2]) G. H. Händler, Lexikon der Abbreviaturen (Anhang zu: G. Dalman, Aram.-neuhebr. Handwörterbuch³ [Frankfurt/M. 1938]).

ausgaben weggefallene Rafe (§ 14, 6) in Gestalt eines über den Buchstaben stehenden Striches: בֿגֿדֿכֿפֿתֿ. Zur babyl. und pal. Aussprache s. § 22, 2.

3. ה *h*, stimmlose laryngale Spirans, entspricht deutschem *h* in „hart". Soll ה im Wortauslaut konsonantisch gesprochen werden, erhält es einen diakritischen Punkt (הּ), das sog. Mappiq (§ 14, 3). Andernfalls ist es in dieser Stellung lediglich Vokalzeichen (§ 9, 5).

4. ו *w (u̯)* entspricht engl. *w* in „water", וָו *wåw* „Nagel"; über seine Rolle als Sonant (Vokal) und Konsonant s. § 22, 4.

5. ז *z* gleicht franz. *z*, אָז *'åz* „damals".

6. ח *ḥ* stellt tib. einen stimmlosen Kehlkopfreibelaut, gebildet unter Zusammenpressung des Kehlkopfes, entsprechend arab. ح dar, חִלֵּל *ḥillel* „er entweihte". Ursprünglich gibt ח sowohl *ḥ* als auch die stimmlose Velaris *ḫ*, arab. خ, wieder: חָלָל *ḥålål* < **ḫalal* „durchbohrt"; s. § 22, 1. 3c. Im Ivrit sind tib. *ḥ* und *ḵ* (כ) zu *ḫ* zusammengefallen.

7. ט *ṭ* mit dem Zungenrücken am Zahnfleisch gesprochenes, stimmloses velarisiertes *t*, טוֹב *ṭōḇ* „gut"; im Ivrit ist es mit תּ *t* gleichlautend.

8. י *y (i̯)* entspricht engl. *y* in „you", יָד *yåḏ* „Hand"; über seine Rolle als Sonant (Vokal) und Konsonant s. § 22, 4.

9. ס *s* gibt stimmloses *s* wie in deutschem „das" oder „Faß" wieder.

10. ע *'* ist ein stimmhafter Kehllaut, hervorgebracht durch Zusammendrücken der Stimmbänder, entsprechend arab. ع, עָבַד *'åḇaḏ* „er diente". Im Ivrit wird es als א *'* gesprochen.

11. צ *ṣ* stimmloses, zwischen Zungenrücken und dem Vorderrand des harten Gaumens gesprochenes velarisiertes *s*, צַדִּיק *ṣaddīq* „gerecht"; im Ivrit frikativ, d. h. als *ts* bzw. deutsches *z* gesprochen.

12. ק *q* zwischen Zungenwurzel und Gaumensegel gesprochenes stimmloses *k*, קוֹל *qōl* „Stimme".

13. ר *r* war wohl immer Zungen-*r*. Noch im Mittelalter war die doppelte Aussprache des Reš in Form einer für uns heute nicht mehr erschließbaren Stark- und Schwachartikulation bekannt, die man ebenso wie bei בגדכפת durch Dageš lene und Rafe andeutete. Erstere ist von der zuweilen noch begegnenden Verdoppelung bzw. Dehnung des Reš — gekennzeichnet durch sog. Dageš forte (§§ 14, 1; 28, 3 b) — zu unterscheiden[1]). Daraus, daß es einige Eigentümlichkeiten mit den Laryngalen gemein hat, ist nicht auf die Aussprache als Zäpfchen-*r* zu schließen.

14. ש deutete ursprünglich sowohl *š* — vgl. deutsches „Schule" — als auch verwandtes *ś* an, das als Mittellaut zwischen *s* und *š* mit der Zungenspitze am Zahnfleisch unter flacher Einbiegung des Zungenrückens gebildet wird. Nach Jdc. 12, 6 sprachen die Ephraimiten ש einheitlich als *ś* aus (§ 5, 4), während im Sam. *ś* und *š* zu *š* zusammengefallen sind. Das Tib. steht in einer sowohl für Palästina als auch für Babylonien nachweisbaren Tradition, die nicht mehr zwischen *ś* und *s* (ס) unterscheidet (§ 22, 5). Die Aussprache von *ś* als *s* löste späterhin die graphische Differenzierung von Śin und Šin durch ein diakritisches Zeichen aus. Hierbei ging man unterschiedlich vor. So setzte man babyl. und pal. mitunter, wenn auch noch nicht konsequent, über ש ein kleines ס, um *ś*, und ein kleines ש, um *š* anzudeuten: ש mit ס darüber *ś*, ש mit ש darüber *š*. PsBN verwendet stattdessen einen Punkt im linken Zwischenraum des ש für *ś*, innen rechts dagegen für *š*: ש *ś*, ש *š*. Durchgesetzt aber hat sich die Praxis von BA und BN mit dem diakritischen Punkt für *ś* auf dem linken und für *š* auf dem rechten Horn des Buchstabens: שׂ *ś*, שׁ *š*[2]). Einfaches ש im punk-

[1]) P. Kahle in: BL, § 8, i. a′.
[2]) Weiteres ebd., § 8, a—f.

tierten Text wird in der Aussprache übergangen: יִשָּׂשכָר *Yiśśåḵår* „Issachar“.

15. נ מ ל, *l m n* gleichen unseren entsprechenden Lauten.

§ 9. Die Vokalbuchstaben

1. Das Ugar. verwendet *a*-, *i*- und *u*-haltiges Alef; hierdurch werden in gewissen Fällen die Grundvokale *a*, *i* und *u* (§ 3,2 b), daneben aber auch *ē* < *ay* und *ō* < *aw* im Schriftbild erkennbar[1]). Abgesehen jedoch von dieser syllabischen Durchbrechung der reinen Konsonantenschrift blieben bis nach der Jahrtausendwende im kan. Alphabet nicht nur sämtliche Vokale unbezeichnet, sondern es bestand auch die Tendenz, schwache Mitlaute bei Verlust ihrer konsonantischen Funktion aus dem Wortbilde zu tilgen; vgl. z. B. phön. בני **banaya* „er baute“ (um 1000) mit בן **banā* < **banaya* in der jüngeren Sprachstufe[2]).

2. Der abstrakte Charakter des Schriftkonsonantismus[3]) erwies sich freilich wegen mangelnder Eindeutigkeit des Wortbildes als unpraktisch. So wurde gegen Ende des 10. Jhs. die lineare Vokalisation erfunden; d. h., man setzte hinter die Konsonanten — u. z. primär am Wortende — Vokalsymbole, um das betreffende Wort durch graphische Andeutung der Endungen morphologisch genauer festzulegen. Hierfür wurden jedoch nicht neue Zeichen eingeführt, sondern zunächst die Symbole für die schwachen Mitlaute He, Waw und Yod benutzt. Nach F. M. Cross und D. N. Freedman, denen wir entscheidende Einsichten in die Geschichte der linearen Vokalisation verdanken, beruht die Erfindung der Vokalbuchstaben, die vielleicht auf die Aramäer zurückgeht, auf der Beobachtung, daß bei Abfall eines

---

[1]) C. H. Gordon, Manual, § 4, 7.

[2]) J. Friedrich, Phön.-pun. Grammatik, § 63 b.

[3]) Zu Absatz 2—4 vgl. R. Meyer (oben S. 33, Anm. 2), 89 bis 91.

Auslautvokals der vorhergehende schwache Konsonant einen reinen Selbstlaut anzeigen konnte[1]). Als Beispiele seien angeführt: לי *lī <*liy <*liya (= ugar. und phön.) „mir“ (§ 46, 2 c); עבדה *ʿabdō <*ʿabdaw <*ʿabdahū „sein Knecht“ neben עבדו *ʿabdō <*ʿabdaw (§ 22, 3 b), wobei im ersten Falle das He trotz Elision und anschließender Diphthongbildung erhalten blieb, während man es im zweiten Falle tilgte und statt dessen den Diphthong -aw (§ 3, 2 b) durch Waw andeutete, das nach der Kontraktion -aw > -ō als Vokalsymbol fungierte; moab. ימה *yamē <*yamēh <*yamēhū <*yamayhū „seine Tage“; moab. בללה *balēlā <*balēlahā (§ 45, 3 c) „in der Nacht“.

Das Prinzip linearer Vokalisation, einmal entdeckt, breitete sich sehr schnell in Gesamtsyrien aus. Entscheidend hierbei war, daß man schon frühzeitig zum freien, nicht mehr etymologisch ableitbaren Gebrauch der Vokalsymbole überging; vgl. z. B. moab. נבה *Nebō (tib. Nᵉḇō) „Nebo“, moab. בנה *banā <*banaya „er baute“, hebr. אמה *ʾammā (tib. *ammå) <*ʾammat <*ʾammatu „Elle“ (§ 42, 3 b), יבנה tib. yiḇnǣ <*yibnē <*yibnay <*yibnayu „er baut“ (§ 82, 2 a), moab. מלכתי *malaktī (tib. måláḵtī) „ich bin König“, hebr. הכו *hakkū oder *hikkū (§ 66, 4 a; tib. hikkū) „sie schlugen“ (§ 83, 2 b).

Zusammen mit dem Konsonantenalphabet übernahmen die Griechen auch die lineare Vokalisation; sie führten den Schriftvokalismus konsequent durch, indem sie Alef = Alpha, He = Epsilon, Ḥet = Eta, Yod = Jota und ʿAyin = Omikron setzten. Dagegen blieb der Gebrauch von Vokalzeichen im kan.-aram. Sprachbereiche stets fakultativ, und besonders im Wortinneren weisen die hebr. Originaltexte aus vorexilischer Zeit nur wenige, eindeutig als Vokalsymbole zu bezeichnende Buchstaben auf. Hierzu kommt erschwerend, daß sämtliche Selbstlautzeichen auch weiterhin ihren ur-

[1]) Cross-Freedman, 31—33.

sprünglichen Konsonantenwert beibehielten und darüber hinaus lautlich niemals eindeutig festgelegt worden sind.

So lassen sich etwa um 600 hebr. folgende Vokalbuchstaben nachweisen: He für *ā*, *ē*, *ō*, Waw für *ū* und *ō*, Yod für *ī* und nunmehr auch Alef für *ō* (Lachis: לא **lō*; vgl. ugar. *l* = **lā*; altaram. ל **lā*) im Wortauslaut; andererseits Waw für *ō* (Lachis: יאוש **Ya'ōš* „Jaos" und *ū* (ebd.: מאומה **ma'ūmah* (tib. *m*ᵉ*ūmå*) „etwas, was auch immer" und Yod für *ī* (jud. זיף neben זף *Zīp* (tib. *Zīf*) „Sif" im Wortinneren. Kontrahierte Diphthonge *ē* < *ay* und *ō* < *aw* werden in den vorexilischen Originaltexten im allgemeinen nicht angezeigt; immerhin stehen mitunter im Schriftbild ältere monophthongische und jüngere diphthongische Formen (§ 5, 3) — z. B. moab. *bt* = **bēt* und *byt* = **bayt* „Haus" — synt. undifferenziert (vgl. § 58, 15) nebeneinander, so daß bei einheitlicher kontrahierter Aussprache Waw und Yod als Symbole für *ē* und *ō* angesehen werden konnten.

3. In hell. Zeit ist, wahrscheinlich unter aram. und darüber hinaus griech. Einfluß, die lineare Vokalisation im Hebr. stark ausgebildet. Zwar beschränkt man sich auch jetzt noch auf die traditionell vorgegebenen Zeichen Alef, He, Waw und Yod, aber man bemüht sich um genauere Festlegung ihrer Lautwerte und verwendet sie nicht nur zur Wiedergabe langer, sondern auch kurzer Vokale. Da der Text der heiligen Schriften jetzt noch nicht normativ festgelegt ist, dringt diese neue Form der Vokalisation, die freilich nach wie vor fakultativ bleibt, teilweise sehr stark in den AT-Text ein, und auch dort, wo man von dem älteren sparsamen Gebrauch der Vokalbuchstaben nur wenig abweicht, macht sich das neue Prinzip geltend. Danach ergibt sich für das 2. Jh. n. Chr. folgendes Bild: Alef steht vornehmlich für *a*, seltener für *e* im Inneren wie am Ende des Wortes; He bezeichnet die langen Auslautvokale *ā* und *ē*, dagegen nicht mehr *ō*; Waw verkörpert *o* und *u*, Yod *i* und *e* sowohl im In-

neren als auch am Ende des Wortes. Soweit Alef, Waw und Yod in Wortmitte gebraucht werden, können sie langen oder kurzen Vokal anzeigen. Gleichzeitig versucht man, wortschließendes Waw und Yod dadurch als Vokalbuchstaben festzulegen, daß man ihnen ein Alef prostheticum — auch Alef metatheticum genannt — anfügt. Einige Beispiele aus der noch vor 100 v. Chr. geschriebenen Qumran-Rolle 1Q Jes.[a], einem Vulgärtext, mögen diesen Sachverhalt verdeutlichen: עאוון *ʿ*awōn* (tib. *ʿåwōn*) „Sünde" (1, 15); יאכה **yakkē* (tib. *yakkǣ*) „er schlägt" (30, 31; § 83, 2 b); רינה **rinnā* (tib. *rinnå*) „Jubel" (35, 10); cstr. אוזני **'oznē* (tib. *'åznē*) „Ohren" (36, 11); ferner מיא (MT מי) **mī* „wer?" (in der aram. Umgangssprache dagegen: מי [מאי] *may* „was?") פוה **pō* „hier", לוא **lō* „nicht", ראוש bzw. רואש **rōš* „Kopf" (1, 5f.; § 58, 14).

Bei der Normierung des MT um 100 n. Chr. ging man von Pentateuch-Handschriften aus, in denen das Konsonantenprinzip dominierte. Nach ihnen richtete man den Text der übrigen at.lichen Schriften aus. Allerdings erreichte man hierbei, wie die bekannten Variantensammlungen zeigen[1]), keine Einheitlichkeit, und die alte, teilweise literargeschichtlich ausgewertete Regel, wonach der Gebrauch von Vokalbuchstaben im jüngeren Schrifttum des AT im allgemeinen häufiger sei als in den älteren Werken, muß dahin modifiziert werden, daß die rabbinischen Gelehrten auf die Entfernung von Vokalbuchstaben in den synagogal bedeutsamen Texten mehr Sorgfalt verwendet haben, als dies bei den gottesdienstlich weniger wichtigen Schriften der Fall ist.

---

[1]) Vetus Testamentum Hebraice cum variis lectionibus, ed. B. Kennicott (Oxford 1776—80); J. B. de Rossi, Variae Lectiones Veteris Testamenti I—IV (Parmae 1784—1788). Als Beispiel für das Schwanken in der Schreibweise auch nach der Festlegung des Konsonantentextes sei aus B. Kennicott Jdc. 4,19 angeführt. Danach begegnet neben der üblichen Form נאוד „Schlauch" in den Handschriften 6mal נוד, 27mal נאד und 2mal נואד!

4. Andererseits setzt sich der Gebrauch von Vokalbuchstaben außerhalb des AT fort; vgl. z. B. aus der Mischna גובאי (Berachot 6, 3) im Gegensatz zu גבי (tib. *gōḇay*) „Heuschrecke“ in MT. Darüber hinaus begegnet zuweilen mittelhebr. auch ʿAyin, das schon auf der Aussprachestufe von Qumran weithin seinen Lautwert verloren hat (§ 22, 3 d), neben Alef und He zur Wiedergabe von *a* im Anlaut (Pesaḥim 3, 1)[1]). Schließlich steht die ältere babyl. Punktation (§ 10, 2), deren Grundlage in stilisiertem Alef = *ā*, ʿAyin = *a*/*ä*, Waw = *u* und ursprünglich auch Yod = *i* besteht, offensichtlich in dem gleichen Traditionszusammenhange.

5. Nach mas. Regel wird der naturlange oder auf Kontraktion beruhende Vokal — *å* im Wortinneren meist ausgenommen — durch einen Vokalbuchstaben, mater lectionis, ausgedrückt. Danach tritt Alef für *å*, *ǣ*, *ē*, *ī*, *ō*, Waw für *ō* und *ū* und Yod für *ǣ*, *ē*, *ī* ein, während He am Wortende *å*, *ǣ*, *ē*, *ō* symbolisiert. Doch ist diese Regel keineswegs konsequent durchgeführt, da im Konsonantentext eine solche Vokalisation alles andere als regelmäßig angewendet ist. Man unterscheidet somit die Anwendung von Vokalbuchstaben als scriptio plena „Pleneschreibung“ von deren Auslassung als scriptio defectiva „Defektivschreibung“; aussprachemäßig und morphologisch besteht daher kein Unterschied zwischen יקומו (plene) und יקמו (defektiv), tib. *yåqūmū*, „sie stehen auf“. Zuweilen enthält auch MT noch Vokalbuchstaben zur Andeutung kurzer Vokale; z. B. אשקוטה (= 1QJes.[a] 18, 4 **'ešqóṭā*; vgl. § 68, 2 d) „ich will ruhig sein“. Derartige Formen werden durch die in der Punktation vorgeschriebene Aussprache, das Qere (קְרֵי *qᵉrē* „zu Lesendes“; § 17, 2), in diesem Falle durch tib. *'æšqᵒṭå* außer Kraft gesetzt.

---

[1]) K. Albrecht, Neuhebr. Grammatik, § 7 a.

§ 10. Die masoretische Vokalisation

1. Nach dem Vorbild der ostsyr. (nestorianischen) Masora haben die jüd. Gelehrten Vokalisationssysteme erfunden, um Mehrdeutigkeiten des überlieferten Konsonantentextes der heiligen Schrift auszuschließen und die Lesung synagogaler Gedichte zu erleichtern[1]).

2. Die Heimat der mas. Vokalisation ist wahrscheinlich das Mesopotamien des 5./6. Jhs. (Nisibis?), von wo die jüd. Gelehrten ihre Anregung erfahren haben. Man unterscheidet im wesentlichen drei Systeme: ein älteres einfaches pal. System, das mit der sam. Punktation verwandt ist[2]), ein ebensolches babyl., das nicht auf Punkten und Strichen, sondern primär auf stilisierten Vokalbuchstaben (§ 9, 4) basiert[3]), und die tib. Vokalisation. Auf die komplizierte babyl. Punktation und die jemenitische Vokalisierung sei nur eben hingewiesen. Nach der Stellung der Vokalzeichen nennt man das pal. und das babyl. System s u p r a l i n e a r, da der Vokal über dem Konsonanten steht, die tib. Punktation dagegen i n f r a l i n e a r, da hier mit e i n e r Ausnahme das Vokalzeichen unter dem Buchstaben begegnet. Das Verhältnis der drei Systeme zueinander ergibt sich aus folgender Tabelle[4]):

Pal.	ב *ā/a*	ב *a/ā*	ב *æ*	ב *e*	ב *i*	ב *o*	ב *u*
Tib.	בָ *å*	בַ *a*	בֶ *æ*	בֵ *e*	בִ *i*	בֹ *o*	בֻ *u*
Babyl.	ב *ā*	ב ב *ä*		ב *e*	ב *i*	ב *o*	ב *u*

[1]) Vgl. P. Kahle in: BL, § 7; ferner Sh. Morag, The Vocalization Systems of Arabic, Hebrew and Aramaic. ('s-Gravenhage 1962), 17—44.

[2]) KG, 72—79. [3]) Ebd., 71 f.

[4]) Nach P. Kahle in: BL, 102.

Das tib. System stellt eine Verbesserung und Vervollkommnung der einfachen pal. Punktation oder eines ihr verwandten Systems dar. Wohl seit dem 8. Jh. allmählich entwickelt, tritt es uns jetzt in drei Formen, PsBN, BA und BN (§ 5, 9), entgegen. Während die beiden letzteren anscheinend nur geringfügig unterschieden waren, bestehen zwischen BA und PsBN bedeutsame Differenzen, auf die im folgenden bisweilen hinzuweisen ist. Da jedoch seit Maimonides BA die Grundlage für Lexikon und Grammatik darstellt, bezeichnet in dieser Sprachlehre der Ausdruck „tiberisch" — einfach gebraucht — die BA-Punktation, während PsBN und BN stets ausdrücklich angeführt werden.

§ 11. Die tiberischen Vokalzeichen

Die tib. Zeichen für die Vollvokale *a*, *å*, *æ*, *e*, *i*, *o*, *u* deuten, ebenso wie in den meisten anderen Sprachen, lediglich die Qualität (Klangfarbe), nicht aber die Quantität (Länge oder Kürze) der einzelnen Laute an. In der Aussprache des tib. Systems unterscheidet man: aschkenasisch, babylonisch, dagestanisch, jemenitisch, marokkanisch, persisch, portugiesisch samaritanisch, sefardisch[1]). Seit Reuchlin folgt man in der Grammatik der sefardischen, d. h. der aus Babylonien stammenden span.-jüd. Aussprache, die mit der Aussprache des langen Qameṣ als *ā* für tib. *å̄* bzw. *ō* der geschichtlichen Entwicklung am besten gerecht wird.

1. a) Qameṣ קָמֵ֫ץ *å* stellt ursprünglich eine Kombination aus dem Strich des Pataḥ (s. u. 2) und dem Punkt des Ḥolem (s. u. 6) dar: ◌ׇ ; diese Form begegnet in BH³ im Anschluß an L. Die traditionelle Gestalt des Qameṣ dagegen ist

---

[1]) BL, § 10 c′—n′; zur jemenitischen Ausspracheüberlieferung vgl. neuerdings Sh. Morag, The Hebrew Language Tradition of the Yemenite Jews. The Academy of the Hebrew Language Studies IV (Jerusalem 1963).

ָ; sie wird unter Abweichung von BH³ aus technischen Gründen in unserer Grammatik gebraucht. Qameṣ kann lang oder kurz sein. Als langes Qameṣ *å̄* — babyl. und sef. *ā*, tib. *ō* — steht es für etymologisch langes *ā* (§ 23, 1 a): קָם *qåm* < **qām* „stehend"; desgleichen für sekundär gedehntes *ā* < *a* (ebd.): יָד *yåḏ* < **yad* „Hand".

b) Das kurze Qameṣ *å* fungiert als offenes *ŏ* für *o* < *u* und heißt Qameṣ ḥaṭuf. Es steht in drucklosen geschlossenen Silben: חָכְמָה *ḥåkmå̄* „Weisheit", חָנֵּנִי *ḥånnēnī* „sei mir gnädig", כָּל־הָאָדָם *kål-hå'ådåm* „alle Menschen", וַיָּמָת *wayyå̆måṯ* „und er starb"; außerdem in offenen Silben: פָּעֳלוֹ *på'ºlō* „sein Werk" vor Ḥaṭef-Qameṣ (§ 13, 4), פָּעָלְכֶם *på'ålkæm* „euer Werk" vor bereits vorhandenem Qameṣ ḥaṭuf, sowie in den Pl.-Formen קָדָשִׁים *qåḏåšīm*, neben קֳדָשִׁים „Heiligtümer" (Sg. קֹדֶשׁ) und *שָׁרָשִׁים *šåråšīm* „Wurzeln" (Sg. שֹׁרֶשׁ). Dagegen ist בָּתִּים „Häuser" *båtīm* (§ 58, 15) zu sprechen.

c) Nach älterer Auffassung symbolisiert Qameṣ einen Mittellaut zwischen *a* und *o* (vgl. engl. „wall"), das als *å̄* — so z. B. im Jem. und teilweise im Aschk. — auf einen pal.-jüd. Lautwandel *ā* > *ō* (§ 23, 1 a) in nachchristl. Zeit zurückgehen soll. Im Gegensatz zum Westsyr. läßt sich jedoch für das pal.-jüd. Hebr. ein durchgehender Lautwandel *ā* > *ō* in der ausgehenden Antike nicht nachweisen; wohl aber zeigt das Nebeneinander von *ā* und *ō* bei gleicher Funktion in den Q-Texten, daß man in Palästina durch die Jhe. über unterschiedliche, ursprünglich dialektisch bedingte Ausspracheträditionen verfügte. Es ist daher anzunehmen, daß man in Galiläa zum Zwecke einheitlichen liturgischen Vortrags die divergierende Aussprache normieren wollte. Dem entspricht in der Tat die Urform des Qameṣ. Im Sinne seiner Erfinder soll es zunächst wohl bedeuten, daß ein durch Ḥolem ergänztes Pataḥ als *o* zu sprechen sei; darüber hinaus aber stellt es die Lesung als *a* oder *o* zur Wahl[1]). Von daher erklärt es sich, daß in PsBN — ebenso wie in der pal. Punktation — Qameṣ und Pataḥ unterschiedslos zur Wiedergabe von *a*/*ā* gebraucht werden. So steht Qameṣ für Pataḥ in PsBN וַיְצָו (2 R. 22, 12 [R]), BA וַיְצַו (§ 82, 4 a), *wayṣaw* „und er befahl", dagegen umgekehrt Pataḥ für Qameṣ in PsBN P. יִשְׂרַאֵל (Jos. 4,4 [R]) *Yiśrā'ēl*, BA יִשְׂרָאֵל *Yiśrå'ēl*, „Israel". Um andererseits die Lesung von Qameṣ als *o* sicherzustellen, setzt PsBN in der Regel Šwa sowohl für langes als auch für kurzes (s. u. b) *o* neben das Vokalzeichen: ָ ְ (MW II, 58* [12]); so ergibt sich: אָמַר (sic!) = BA אֹמַר *'ōmar* (§ 77, 1 b) „ich sage" (Jos. 7, 8 [R]); עָזְבָם *'ozḇām*, BA עָזְבָם *'åzḇåm* (§ 84, 2 g) „ihr Verlassen" (Jer. 9, 12 [R]). Vereinzelt findet sich dieser Brauch auch in BA: יַעְכָּרְךָ *ya'kårḵå* (§ 84, 2 b) „er wird dich ins Unglück bringen" (Jos. 7, 25 [L]).

2. Pataḥ פַּתַח ַ *a* verkörpert einen sehr hellen *a*-Laut, ähnlich deutschem *ä*. Daher begegnet es in der griech. Umschrift oft als Epsilon[2]). Gleichwohl haben die Tiberier Pataḥ graphisch von Segol unterschieden, während die babyl. Vokalisation für tib. *a* und *æ* nur ein Zeichen ִ *ä* kennt. Pataḥ ist ursprünglich kurz und lang; es kann daher in der pal. Punktation und in PsBN mit Qameṣ ausgetauscht werden (s. u. 1 c). Man beachte, daß adv. לאוט **le'ōṭ* „sanft" (1QJes.[a] 8, 6) in BA als P. לְאַט *le'āṭ*, in PsBN (R) als לְאָט *el'āṭ* (sic!; vgl. § 14, 6) vokalisiert ist. Nach der normativen Festlegung der Funktionen von Qameṣ und Pataḥ in BA scheint letzteres fast immer kurz zu sein; u. z. sowohl in ge-

[1]) R. Meyer (oben S. 26, Anm. 1), 47.
[2]) E. Brønno, Studien, 267ff.

schlossener wie in offener Silbe: מַלְכִּי *malkī* „mein König“, שָׂמַנִי *śåmánī* „er setzte mich.“

3. Segol סְגוֹל ֶ *æ*, *ä* entspricht offenem *e* in „Pech“ und *ä* in „Hände“. In der ältesten Stufe der pal. Vokalisation vom geschlossenen *e* ebensowenig wie in der älteren Vokalisierung durch Vokalbuchstaben geschieden und babyl. mit dem Pataḥ identisch, begegnet es als Umlaut für *a*: יֶדְכֶם *yæḏ-ḵæm* „eure Hand“ (St. abs. יָד *yåḏ*), יֶרַח *yæraḥ* < **yarḫu* (= ugar.) „Monat“; als Umlaut für *i*: חֶפְצִי *ḥæfṣī* < **ḥifṣī* „mein Gefallen“, אַתֶּם *'attæm* < *'*attimmā* (Q und sam.) „ihr“; als Bezeichnung für druckloses *e*: וַיָּקֶם *wayyåqæm* „und er stellte auf“, vgl. den Juss. יָקֵם *yåqēm*; als Hilfsvokal in den Segolaten (§ 52, 1), מֶלֶךְ *mǽlæḵ* „König“, der sich oft nicht vom Šwa mobile unterscheidet. Segol ist ein sekundäres Vokalzeichen, kann lang oder kurz sein, in geschlossener oder offener Silbe stehen und wechselt nicht nur in PsBN, sondern auch in BA mitunter mit Ṣere (s. u. 4).

4. Ṣere צֵרֵי ֵ *e* gibt meist geschlossenes *e* < *i* wieder, doch hat es keineswegs völlig seine Funktion als offenes *e* < *a* an das jüngere Segol abgetreten. Es kann kurz oder lang sein sowie in offener und geschlossener Silbe stehen. Die seit Josef Qimḥi (um 1200) vielfach vertretene Meinung, Ṣere deute immer langen Vokal (vgl. „See“) an, ist demnach unhaltbar[1]). Lang ist es z. B. in P. קִטֵּל *qiṭṭēl*, kurz dagegen in der K.-Form קִטֵּל *qiṭṭel*, die mit קִטַּל *qiṭṭal* und קִטֶּל *qiṭṭæl* wechseln kann (§ 70, 1 d), gleichfalls in K. סֵפֶר *séfær* „Buch“ entsprechend dem parallelen Pataḥ in נַעַר *náʿar* „Knabe, Knecht“. Zum Nebeneinander von Ṣere und Segol vgl. נֵדֶר *néḏær* und נֶדֶר *nǽḏær* „Gelübde“ für kurzen,

[1]) Miklılol, 31, Anm. 11.

PsBN P. לֵאמֹר *lēmōr* neben לֶאמֹר[1]) *lǣmōr* „nämlich" (§ 77, 1 d; Jos. 1, 10; 2, 2 [R]) für langen Vokal. Formen mit Epsilon und Eta in Sek. haben tib. Ṣere: μαγεν — מָגֵן *mågen* „Schild"; νηχαρ — נֵכָר *nēkår* „Fremde" (Ps. 18, 31. 46).

5. Ḥireq חִירֶק ִ bezeichnet langen oder kurzen *i*-Laut. In druckloser Silbe steht kurzes Ḥireq tib. oft, jedoch keinesfalls immer, als Umlaut für druckloses Pataḥ; vgl. tib. מִדְבָּר *midbår* „Wüste" mit babyl. *mädbār* (MO, 197). Beim Druck begegnet es in einsilbigen Wörtern wie אִם „wenn", soweit diese nicht durch Maqqef (§ 16, 1) als drucklos gekennzeichnet sind; außerdem in ursprünglich doppelt geschlossenen Silben wie וַיִּבֶן *wayyíbæn* „und er baute".

6. Ḥolem חוֹלֶם ֹ deutet geschlossenes (vgl. „Los") und offenes (vgl. „Post") *o* an. Dieses *o* ist etymologisch kurz, wo es aus *u* entstanden ist: כֹּל *kol* < **kullu* „Ganzheit, ganz", dagegen etymologisch lang, wo es durch Kontraktion von *aw*, מוֹשָׁב *mōšåb* < **mawšabu* (ugar. **mōṯabu*) „Wohnsitz", oder durch Lautwandel von *ā* zu *ō* (§§ 4, 3 a; 23, 1), שָׁלוֹם *šålōm* < **šalāmu* (= ugar.) „Friede", entstand. Dementsprechend kann es tib. lang, aber auch kurz sein; zu der seit Josef Qimḥi bestehenden Regel, wonach Ḥolem stets lang sei, s. u. 4. Ebenso wie Qameṣ ḥaṭuf für Ḥolem (s. u. 1 c), kann vereinzelt auch Ḥolem für ersteres stehen: PsBN בְּעֹבְרוֹ *beʿobrō* „bei seinem Überschreiten", tib. בְּעָבְרוֹ *beʿåbrō* (Jos. 6, 5 [R]); derartige Formen[2]) sind lautgeschichtlich wertvoll, da sie die Gleichung *o̩* = *å* bestätigen.

7. Šureq שׁוּרֶק, Qibbuṣ קִבּוּץ stellen zwei *u*-Zeichen dar, die tib. ohne Unterschied der Quantität ursprünglich neben-

[1]) Zum Dageš im Lamed (לּ) vgl. unten S. 70, Anm. 2.

[2]) Von A. Sperber, Masoretic Hebrew, 65, wohl zu Unrecht als Schreiberirrtümer angesehen.

einander stehen und die Formen _̇ und _ haben. Auch die Namen „Šureq“ und „Qibbuṣ“ werden zunächst ohne Unterschied für beide Zeichen gebraucht. Der *u*-Punkt, ursprünglich wohl in jeden Buchstaben gesetzt, hat sich, da sonst mißverständlich, nur in ו als וּ Šureq erhalten; dagegen scheint _ erst in Anlehnung an וּ entstanden zu sein und heißt jetzt ausschließlich Qibbuṣ. Beide Zeichen deuten von Haus aus *u* und *ū* an. Da sich aber _̇ nur in ו erhalten hat, erscheint Šureq in BA, nicht dagegen in PsBN, meistens als lang, während Qibbuṣ nach wie vor *u* und *ū* bezeichnet.

8. Ebenso wie noch heute im gesprochenen Arab., sind die Vokale im Hebr. unbestimmt und nicht scharf voneinander getrennt. Dieser Tatbestand fiel schon Griechen und Römern auf. Das tib. System stellt einen Versuch dar, auf der Basis der syr.-pal. Aussprache den fließenden Charakter der Vokale systematisch zu fixieren.

§ 12. Schreibung der Vokalzeichen

1. Außer Ḥolem stehen die tib. Vokalzeichen unter dem Konsonanten, hinter dem sie gesprochen werden, לָמַד *låmaḏ* „er lernte“. Nur der als Pataḥ furtivum (§ 13, 6) bezeichnete Gleitlaut ^{a} wird unter bzw. rechts neben den Buchstaben gesetzt, vor dem er zu sprechen ist, מָשִׁ֫יחַ oder מָשִׁ֫יחַ *måšī^{a}ḥ* „Gesalbter“. Bei ד, ו, י, ר tritt der Vokal unter den Schaft, רָוֶה *råwæ̅* „getränkt“; ך finale hat *å* in der Mitte ךָ. Ḥolem tritt links oben an den zugehörigen Konsonanten, קֹטֵל *qōṭēl*. Bei ש wird es auf die freie Spitze gesetzt: שֹׁפֵט *šōfēṭ* „Richter“; עֹשֶׂה *ʿōśæ̅* „machend“. Trifft es auf den diakritischen Punkt des ש, verschmilzt es traditionell mit ihm: מֹשֵׁל *mōšēl* „Herrscher“; שֹׂנֵא *ṡōnē* „hassend“. BA (A, C, L) setzt Ḥolem neben den diakritischen Punkt: מֹשֵׁל, שֹׂנֵא, dem-

entsprechend auch BH³. Aus technischen Gründen wird in dieser Grammatik auf die Setzung des zweiten Punktes verzichtet. Der Vokalbuchstabe ו und quiescierendes א (§ 22,3 a) ziehen Ḥolem an sich: עוֹד *ʿōḏ* „noch“, צֹאן *ṣōn* „Kleinvieh“. Hiervon zu unterscheiden sind jedoch konsonantisches ו und א, עָוֹן *ʿåwōn* „Sünde“ und יָבֹ֫אוּ *yåḇōʾū* „sie kommen“.

2. Wo bereits Vokalbuchstaben א, ה, ו, י (§ 9) im Text standen, wurden die tib. Zeichen hinzugefügt. So ergaben sich Kombinationen wie ִי, ֵי, ֶי, וֹ, וּ, ָה. Im herkömmlichen Systeme nennt man ִי, ֵי, ֶי, וֹ unter Einschluß des langen Qameṣ ָ „groß“ (magnum), im Gegensatz zur Schreibung ohne Vokalbuchstaben, die „klein“ (parvum) heißt. Entsprechend der Verwendung von Vokalbuchstaben spricht man auch bei den kombinierten Zeichen von Plene- und Defektivschreibung; vgl. יָקוּ֫מוּ (plene) mit יָקֻ֫מוּ (defektiv) = *yåqūmū* „sie stehen auf“. In der Regel erscheint die kombinierte Schreibung dort, wo die Vokalbuchstaben etymologisch berechtigt sind, בָּנֶ֫יךָ *bånæḵå* < **banaykā* „deine Söhne“, Gelegentlich findet sich in MT noch die auch im Arab. geübte Sitte, auf langen Auslautvokal ein Alef prostheticum folgen zu lassen; vgl. נָקִיא mit נָקִי „rein“, אָבוּא mit אָבוּ „sie wollten [nicht]“. Sie entspringt dem verbreiteten Gebrauch von Vokalbuchstaben in hell.-röm. Zeit und dem damit verbundenen Bemühen, die für die Vokalisation benutzten schwachen Konsonanten eindeutig als Vokalsymbole festzulegen; vgl. ליא (1Q Jes.ᵃ 43, 1) mit tib. לִי „mir“ (vgl. § 9, 3). Die Pleneschreibung wird vermieden, wo zwei gleiche Buchstaben zusammenstoßen würden: גּוֹיִם für גּוֹיִים „Völker“, מִצְוֹת für מִצְווֹת „Gebote“ und אֹמַר statt אאמַר „ich sage“.

§ 13. Das Šwa

1. Das tib. System kennt neben den Zeichen für die Vollvokale auch ein solches für den Murmellaut und zugleich für die Vokallosigkeit eines Konsonanten, Šwa. In den älteren Systemen hat man den Murmellaut zunächst gar nicht oder durch den ihm jeweils entsprechenden Vollvokal bezeichnet, während die Vokallosigkeit nicht ausgedrückt wurde. Die Wurzeln für das tib. Šwa liegen in der ostsyr. Vokalisation. Hier begegnet ein Strich über dem Konsonanten, *m*^e^*hagg*^e^*yānā* oder *marh*^e^*ṭānā*, der sowohl den Murmellaut und die Vokallosigkeit als auch den Ausfall des betreffenden Konsonanten andeutet. Das syr. Zeichen wurde von den babyl.-jüd. Gelehrten unter dem Namen חִיטְפָּא *ḥiṭfā* als Strich links über dem Buchstaben aufgenommen, um den zugehörigen Murmellaut auszudrücken. Zugleich deutete man damit quiescierendes א und Schluß-ה sowie vokalloses ך finale an (vgl. auch § 14, 6). So ergab es sich von selbst, *ḥiṭfā* überhaupt bei Vokallosigkeit eines Konsonanten entsprechend dem arab. *sukūn* zu verwenden. Von den Babyloniern übernahmen die Tiberier das *ḥiṭfā*, stellten es entweder als ְ unter oder als ׃ in den Buchstaben; ersteres ist in BA — Kaf finale ךְ ausgenommen — stets, letzteres mitunter in PsBN der Fall. Da es vorzugsweise für die Andeutung der Vokallosigkeit benutzt wurde, nannte man es „Šwa" שְׁוָא, abgeleitet von שָׁוְא *šåw* „Nichts", und unterschied ein שְׁוָא נָח *š*^e^*wå nåḥ* „Šwa quiescens" von dem שְׁוָא נָד *š*^e^*wå nåḏ* bzw. שְׁוָא נָע *š*^e^*wå nå*ʿ „Šwa mobile"[1]).

2. Šwa quiescens steht im Wortinnern unter jedem vokallosen Konsonanten mit Ausnahme der quiescierenden Buchstaben, z. B. רָאשִׁים *råšīm* „Häupter", und deutet zugleich das Ende der geschlossenen Silbe an, מִנְ|חָה *minḥå* „Gabe". Am Wortende wird Šwa quiescens meist nicht

[1]) Vgl. zum Folgenden P. Kahle in: BL, § 7 e′—q′.

gesetzt, אָדָם *'ādām* „Mensch"; nur zur Unterscheidung des Schluß-ך von ן finale und bei Doppelkonsonanz am Wortende findet es sich in BA und damit in unseren herkömmlichen Grammatiken: הָלַךְ *hålak̠* „er ging", נֵרְדְּ *nerd* „Narde", אַתְּ *'att* „du" (F.). Es fällt stets unter wortschließendem, ohnehin quiescierendem א (חֵטְא *ḥēṭ* „Sünde") aus; zu Šwa bei ח, ו und ע am Wortende s. u. 4.

Šwa quiescens liegt nach manchen in angeblich lose geschlossenen Silben bei Formen wie מַלְכֵי *malk̠ē* (St. cstr. Pl.; § 52, 1 e) vor, bei denen man zuweilen Murmelvokal **malᵉk̠ē* und ein mas. nicht gerechtfertigtes „Šwa medium" erschließt[1]). Hierfür beruft man sich auf die zeitweilige Spirierung von *b g d k p t* unmittelbar nach Konsonanten, in der ein einstiger kurzer, jetzt zu Šwa reduzierter Vokal assimilatorisch nachwirken soll (§ 26, 1). Nun gibt es Formen, in denen ein solcher Vokal historisch nicht nachzuweisen ist, die Spirierung aber doch begegnet. Es liegt danach wohl kein kombinatorischer Lautwandel, sondern ein solcher durch Veränderung der Artikulationsbasis vor; u. z. ist er, nach unseren heutigen Quellen, aram. bedingt und hat sich im Hebr. allmählich durchgesetzt. So erscheint im 5. Jh. v. Chr. in jüd. theophoren Personennamen der kan. Bestandteil **milk* auf dem aram. Sprachgebiet Babyloniens als *milḫi*[2]). G vermittelt einen Einblick in das zunehmende Eindringen der Spirierung im Hebr., und Origenes benutzt in Sek. eine jüd. Vorlage, die eine totale Spirierung voraussetzt, wie sie durch rabbinische Aussagen sowohl für Palästina als auch für Babylonien seit dem 2. Jh. n. Chr. belegt ist (babyl. Berachot 13 b. 16 b; pal. Berachot 2, 1. 4)[3]).

---

[1]) G. Bergsträßer, Grammatik I, § 10 e; P. Joüon, Grammaire, § 8 d.

[2]) H. V. Hilprecht, The Babylonian Expedition of the University of Pennsylvania. Series A: Cuneiform Texts IX (Philadelphia 1898), 77.

[3]) Hierzu und zum Folgenden vgl. KG, 189—195.

Daneben hat es allerdings im ganzen aram. Sprachgebiet Lehnwörter und wohl auch schulmäßig tradierte Formen gegeben, in denen die Spirierung nicht durchgeführt wurde. Der erste, der nach unseren Quellen auf die doppelte Aussprache aufmerksam macht, ist der Syrer Jakob von Edessa (640 bis 705). Im Syr. sind offenbar auch zuerst die Artikulationsregeln für *b g d k p t* — explosiv im Taktanlaut sowie nach vorhergehendem Konsonanten und konsonantischem *w* und *y*, andernfalls spiriert — geprägt worden[1]).

Nach syr. Vorbild haben die Juden etwa seit dem 8. Jh. ebenfalls die im wesentlichen spirantische, nur selten explosive Aussprache von *b g d k p t* zu systematisieren versucht. Aber auch bei ihnen waren lokale und im liturgischen Vortrag verankerte Gewohnheiten oft stärker. So ergeben sich zahlreiche scheinbare Inkonsequenzen, wenn z. B. der pronominale Akk. אתכמה **'etkimmā* „euch" (Q, vgl. sam. *'itkimmā*; § 87, 3 b) im 9. Jh. n. Chr. als אֶתְכֶם *'æṯḵæm* fixiert worden ist und seither als mas. Normalform erscheint, oder wenn PsBN in der sorgfältig punktierten Form וְלִנְתֹוץ *w*^{e}*linṯoṣ* „und um einzureißen" (Jer. 1, 10 [R]; vgl. § 68, 2 e) Nun durch Rafe (§ 14, 6) und Šwa als vokallos, Taw aber durch Rafe als spiriert festlegt. Es handelt sich also bei diesem Šwa um silbenschließendes Šwa quiescens, in der folgenden Spirans aber um eine Konzession an die aram. bedingte Artikulation ohne Rücksicht darauf, ob in einem früheren Stadium an Stelle des Šwa ein Vollvokal gestanden hat oder nicht.

3. **Šwa mobile** steht am Wort- und Silbenanfang und bildet mit seinem zugehörigen Konsonanten phonetisch einen Vorschlag zur folgenden Silbe: בְּרִית *b*^{e}*rīṯ* „Bund", יִשְׁ|פְּטוּ *yiš-p*^{e}*ṭū* „sie richten", שָׁ|פְטוּ *šå-f*^{e}*ṭū* „sie richteten", לִמְּדוּ *lim-m*^{e}*ḏū* „sie lehrten"; zum Silbenwert s. § 20, 2 a. Daher gilt

[1]) Th. Weiß, Zur ostsyr. Laut- und Akzentlehre. BOS 5 (Stuttgart 1933).

die allgemeine Regel, daß lautbares Šwa am Anfang eines Wortes, unter einem Konsonanten mit Dageš forte (§ 14, 2) und nach einem anderen Šwa steht. Dieser Murmellaut ist in der Regel der Rest voller, meist kurzer Vokale (§ 23, 2) in offenen Silben; zuweilen dient er aber zur Auflösung einer ursprünglichen Doppelkonsonanz wie in קְטֹל *q*^{e}*ṭol* < *qtul* (§§ 68, 2 e; 29, 1). Herkömmlich bezeichnet man Šwa mobile als flüchtigen *e*-Laut: ^{e}; gleichwohl ist zu beachten, daß es vielfach eine vokalische Färbung aufweist, u. z. häufiger unter Anlehnung an den folgenden Vokallaut als unter Bewahrung des Ursprungslautes.

4. Vor oder hinter א, ה, ח, ע ergab sich bei dem Bemühen, die Laryngale möglichst deutlich zu artikulieren, meist ein *a̩* oder ein dem Hauptvokale entsprechender Nebenlaut. Benutzte man zur Andeutung dieser flüchtigen Vokale im einfachen babyl. System ohne Konsequenz gewöhnlich die Vollvokalzeichen, während derartige Nebenlaute pal. nur ganz selten angedeutet sind, so brachten die Tiberier allmählich eine gewisse Ordnung in deren Wiedergabe, indem sie außer dem Šwa mobile (simplex) Zeichen für flüchtiges *a*, *æ*, *o* einführten. Sie kombinierten Šwa mit Pataḥ, Segol und Qameṣ zu ◌ֲ ^{a}, ◌ֱ ^{æ}, ◌ֳ ^{o} (Šwa compositum), nannten diese Zeichen unter Benutzung des babyl. Ausdruckes *ḥiṭfā* (s. u. 1) „Ḥaṭef-Pataḥ“ חָטֵף פַּ֫תַח, „Ḥaṭef-Segol“ חָטֵף סְגוֹל und „Ḥaṭef-Qameṣ“ חָטֵף קָ֫מֶץ; vgl. חֲנִית *ḥ*^{a}*nīṯ* „Lanze“, יַעֲבֹד *ya*ʿ^{a}*ḇoḏ* „er dient“, אֱמֶת ʾ^{æ}*mæṯ* „Wahrheit“, עֳנִי ʿ^{o}*nī* „Elend“, יָעֳמַד *yå*ʿ^{o}*maḏ* „er wird aufgestellt“. In den meisten Bibelausgaben wird der dem Ḥaṭef-Laut vorhergehende Vokal durch Meteg (§ 16, 2 a) mit einem Nebenton versehen. Da die ältere und bessere BA-Überlieferung das Meteg in den genannten Fällen nicht enthält, wird in dieser Grammatik darauf verzichtet.

5. Ḥaṭef-Pataḥ und Ḥaṭef-Qameṣ werden auch unter Nichtlaryngale gesetzt: a) Ḥaṭef-Pataḥ steht statt des einfachen Šwa oft bei an sich verdoppeltem Konsonanten, besonders in den Verben II gem., הַלֲלוּ *halᵃlū* statt הַלְלוּ *halᵉlū* „preist!", des weiteren etwa bei סוֹרֲרִים *sōrᵃrīm* „Widerspenstige"; gelegentlich steht es unter ר und כ, z. B. תֹּאכֲלֶנָּה *tōḵᵃlǣnnå* „du wirst es essen", בָּרֲכוּ *bårᵃḵū* „segnet!"; manchmal bei Zischlauten nach Waw cop., וּשֲׁבֵה *ūšᵃḇē* „und fange" (Jdc. 5, 12), bei verschiedenen Konsonanten nach vorausgehendem *i* sowie bei Velaren und Zischlauten, b) Ḥaṭef-Qameṣ findet sich statt Šwa zuweilen in der Nähe von *u*, besonders bei Velaren, לֻקֳחָה *luqᵒḥå* „sie wurde genommen" (für **luq[q]ᵉḥå*; § 68, 3b), oder deutet noch gehörtes *o* an, רֳאִי *rᵒʾī* „Sehen" (§ 82, 2h). Die Überlieferung bezüglich der Anwendung der Ḥaṭef-Laute bei Laryngalen und Nichtlaryngalen schwankt außerordentlich.

6. Ein im wesentlichen tib., nur selten in der älteren babyl. Punktation[1]) begegnendes Zeichen ist das sog. Pataḥ furtivum ᵃ, ein flüchtiger *a*-Laut, der dem Ḥaṭef-Pataḥ verwandt ist. Man verwendet es zur Betonung des konsonantischen Charakters von wortschließendem Ḥet, ʿAyin und He (הּ; § 14, 3) nach *ē*, *ī*, *ō*, *ū* und setzt es entweder traditionell unter den Buchstaben, vor dem es zu sprechen ist: רוּחַ *rúᵃḥ* „Geist", זְרוֹעַ *zᵉróᵃʿ* „Arm", גָּבוֹהַּ *gåḇóᵃh* „hoch", oder mit der älteren BA-Überlieferung, der auch BH³ folgt, rechts daneben: רוּחַ, זְרוֹעַ, גָּבוֹהַּ. In dieser Grammatik trägt der silbische Vokal vor Pataḥ furtivum ´ als Druckzeichen.

7. Statt des Pataḥ furtivum verwendet PsBN primär Šwa, um Ḥet, ʿAyin und teilweise He (öfter הּ; § 14, 3) als Konso-

[1]) Vgl. MB, 31; MO, 166.

nanten zu kennzeichnen: רוּחַ *rūḥ* (Jes. 17, 4 [R]); יַגִּיהַ *yaggīh*, BA יַגִּיהַ *yaggīªh* „er leuchtet" (ebd. 13, 10); וְכִתְקוֹעַ *wᵉkitqoʻ*, BA וְכִתְקֹעַ *wᵉkitqóªʻ* „wie das Blasen [des Horns]" (ebd. 18, 3), wo gegen die traditionelle Regel das Ḥolem kurz sein dürfte (§ 75, 2). Sekundär stehen hier zuweilen Šwa und Pataḥ konkurrierend nebeneinander: יְהוֹשֻׁעַ, BA יְהוֹשֻׁעַ „Josua" (Jos. 1, 1 [R]); vgl. in Wortmitte מָשַׁחְנוּ *māšáḥnū* (zum Dageš s. § 14, 5), BA מָשַׁחְנוּ *māšáḥnū* „wir salbten" (2 S. 19, 11 [R]). Derartige Kombinationen sind vielleicht mit A. Sperber als Ausgangspunkt für die Ḥaṭef-Zeichen anzusehen[1]).

§ 14. Dageš, Mappiq, Rafe

1. Je nach ihrer Stellung im Wort oder in der Akzenteinheit, vielfach auch nach ihrer grammatischen Rolle, weisen die meisten hebr. Buchstaben eine wechselnde Aussprache auf, indem sie teils stärker, teils schwächer artikuliert werden[2]). Auf der Beobachtung dieser Artikulationsunterschiede, die auch im Syr. und Arab. graphisch vermerkt werden, beruhen die tib. Zeichen für Stark- und Schwachartikulation, Dageš und Mappiq einerseits und Rafe andererseits. Dageš דָּגֵשׁ „schärfend" stellt einen Punkt im Buchstaben dar und bezeichnet als Dageš forte דָּגֵשׁ חָזָק oder דָּגֵשׁ כָּבֵד Dehnung oder stärkere Artikulation des betreffenden Konsonanten, als Dageš lene דָּגֵשׁ קַל dagegen die stimmlose bzw. explosive Aussprache von *b g d k p t*. Wurzelhaft verwandt mit dem Dageš ist das Mappiq מַפִּיק „hervorbringend", das nach BA als Punkt vor allem in He am Wortende (הּ) dessen vollen Konsonantenwert andeutet. Mit Dageš und Rafe fußen

[1]) A. Sperber, Masoretic Hebrew, § 78.
[2]) Zum Folgenden vgl. P. Kahle in: BL, § 8.

die Tiberier auf babyl. Vorbild. Rafe רָפֵה oder רָפָה „weich" bedeutet die Schwachartikulation und hängt als Strich über dem Buchstaben mit dem syr. Zeichen *marhᵉṭānā* mittelbar zusammen. Denn letzteres bedeutet nicht nur den Murmellaut (§ 13, 1), sondern vor allem auch den Wegfall eines Konsonanten. Als solches wurde es von den Babyloniern zur Kennzeichnung von א und ה als Vokalbuchstaben und von vokallosem Schluß-Kaf (ך) benutzt und tib. darüber hinaus zur Andeutung der Schwachartikulation überhaupt verwendet.

2. Beim Dageš forte unterscheidet man die Fälle, in denen der Artikulationspunkt als Dageš forte necessarium grammatisch notwendig ist, von denen, wo er den liturgisch einwandfreien Vortrag des heiligen Textes — daher Dageš forte euphonicum — sicherstellen soll.

a) Dageš forte necessarium steht als Zeichen für die Kontraktion zweier gleicher Konsonanten, von denen der erste vokallos ist, נָתַ֫נּוּ *nåṯánnū* „wir gaben"; für eine durch Assimilation (§ 24, 3b) entstandene Doppelkonsonanz, יִתֵּן *yitten* < **yinten* „er gibt", als Zeichen für grammatisch bedingte Verdoppelung: גַּנָּב *gannåḇ* „Dieb", לִמֵּד *limmeḏ* „er lehrte"; ferner זִכָּרוֹן *zikkårōn* „Gedächtnis", wo Dageš forte den an sich in offener Silbe stehenden Vokal schützt.

b) Vom Dageš forte euphonicum seien erwähnt das Dageš forte coniunctivum, das Dageš forte dirimens und das Dageš forte affectuosum. Das Dageš forte coniunctivum steht als דְּחִיק *dᵉḥīq* „zusammengedrängt" im Anlaut eines einsilbigen oder vorn betonten Wortes, wenn diesem, eng verbunden, ein auf betontes *ắ* oder *ǽ* ausgehendes Wort vorangeht: לְכָה־נָּא „gehe doch!", נַעֲשֶׂה־לָּ֫נוּ „laßt uns machen!" (Gn. 11, 4); als אָתֵי מֵרַחִיק *'åṯē mērahīq* „von fern kommend" im Anlaut eines einsilbigen oder vornbetonten Wortes, wenn diesem in enger Verbindung ein auf druckloses *å* oder *ǣ* ausgehendes Wort vorangeht, עָשִׂ֫יתָ זֹּאת „du hast dies getan“ (Gn. 3, 14). Dieses Dageš steht auch unregelmäßig als *d^e ḥīq* in Fällen wie וַיֹּאמְרוּ לֹּא „und sie sagten nein“ (Gn. 19, 2) und als *'åṯē mēraḥīq*, z. B. ק֫וּמוּ צְּאוּ „auf und zieht ab!“ (Ex. 12, 31). Über das auf den Artikel und auf מַה־ folgende Dageš, das nicht an den Druck gebunden ist, s. §§ 31, 2; 32, 2. Das Dageš forte dirimens dient zur Hervorhebung der Lautbarkeit eines Šwa: עִנְּבֵי *'in^e ḇe*, St. cstr. zu עֲנָבִים „Trauben“ (Lv. 25, 5). Dageš forte affectuosum verstärkt einen vom Satzdruck betroffenen langen Vokal, besonders in großer Pausa (§ 15, 4), und steht in dem darauffolgenden Konsonanten חָדֵ֫לּוּ „sie hörten auf“ (Jdc. 5, 7) im Gegensatz zu חָדְלוּ im Kontext.

c) Die Setzung des Dageš forte unterbleibt in der Regel am Ende des Wortes, z. B. in עַם *'am* „Volk“ für **'amm* (Pl. עַמִּים *'ammīm*); zu אַתְּ *'att* (nicht **att^e!*) „du (F.)“ s. § 30, 2b; zu נָתַתְּ *nåṯatt* „du (F.) hast gegeben“ vgl. § 24, 3b. Außerdem wird sehr häufig die Verdoppelung bei einigen Konsonanten besonders ו, י, ל, מ, נ sowie ק, zuweilen auch bei den Zischlauten aufgehoben, wenn dieselben Šwa mobile haben; א, ה, ח, ע und nach allgemeiner Regel ר (§ 8, 13) haben niemals Dageš forte (§ 28, 3b).

3. Mappiq unterscheidet konsonantisches Schluß-He (הּ) von He als Vokalbuchstaben (§ 9): אַרְצָהּ *'arṣåh* „ihr Land“, dagegen אַ֫רְצָה *'årṣå* „erdwärts“ (§ 45, 3c). In gleicher Eigenschaft deutet Mappiq zuweilen den konsonantischen Charakter von Alef an, וַיָּבִ֫יאּוּ *wayyåḇī'ū* „und sie brachten“ (Gn. 43, 26). Weit häufiger wird dieses diakritische Zeichen, das aus der pal. Punktation stammt[1]), in PsBN gesetzt, u. z.

[1]) A. Díez Macho (oben S. 34, Anm. 3), 24f.

nicht nur bei He (הּ) und Alef (אּ), sondern auch bei finalem Waw (וּ, יוּ), wo es mit den Šwa-Punkten wechselt (וְ, וֱ), und Yod (יּ), um sie als Konsonanten festzulegen (MW, 58*[4.5]); z. B. חַיּ, BA חַי *ḥay* „lebendig", בָּנָיוּ, BA בָּנָיו *bånåw* „seine Söhne" (Jos. 3, 10; 7, 24 [R]), וַיְצַוּ, BA וַיְצַו *way-ṣaw* „und er befahl" (2 R. 22, 12 [R]). Diese Tradition wirkt offenbar noch in BA-Formen wie בּוֹכִיָּה *bōḵīyå* (nicht **bōḵiyyå!*) nach; vgl. § 82, 2i.

4. Dageš lene dient zur Bezeichnung der explosiven Aussprache von *b g d k p t* (§ 8, 2) in folgenden Fällen: a) Am Anfang eines Satzes, בְּרֵאשִׁית בָּרָא אֱלֹהִים „Am Anfang schuf Gott" (Gn. 1, 1), oder eines Satzabschnittes, daher nach trennendem Akzent (§ 15, 2), וַיְהִי כִּי „und es geschah, als" (Gn. 6, 1; vgl. § 15, 2a [10]); b) am Anfang eines Wortes oder einer Silbe, wenn ein vokalloser Konsonant vorausgeht: אֶת־פִּיהָ *'aet-pīhå* „ihren Mund", בְּצִדָּהּ תָּשִׂים *b^{e}ṣiddåh tåśīm* „an ihrer Seite sollst du anbringen" (Gn. 6, 16), יְהוָה כְּצִדְקוֹ „Jahwe nach seiner Gerechtigkeit", da traditionell *'^{a}dōnåy k^{e}ṣidqō* gesprochen (§ 17, 2), und יְהוֹשֻׁעַ בִּן־נוּן *Y^{e}hōšū^{a}ʿ bin-Nūn* mit Pataḥ furtivum (§ 13, 6); c) im letzten Konsonanten bei wortschließender Doppelkonsonanz: נֵרְדְּ *nerd* „Narde", זָכַרְתְּ *zåḵart* „du (F.) gedachtest"; d) fast stets in den Präfixen בְּ und כְּ bei Lautverbindungen wie בְּב־, כְּכ־, בְּמ־, בְּפ־, auch wenn das vorhergehende Wort vokalisch auslautet und hierzu in enger Verbindung steht.

5. Im Textus receptus, nicht in BH³, begegnet ein sog. Dageš orthophonicum[1]) in Formen wie: רַעְמָּה *Raʿmå* „Raë-

---

[1]) Fr. Delitzsch, Complutensische Varianten zu dem At.lichen Texte. Reformationsprogramm der Universität Leipzig (Leipzig 1878), 12; E. Kautzsch, Grammatik, § 13 c.

ma" (Gn. 10, 7) oder עַל־לְשׁוֹנוֹ *'al-l^e^šōnō* „auf seiner Zunge" (Ps. 15, 3). Dieser Punkt stammt wohl aus PsBN, wo Dageš u. a. die Kürze eines Vokals nicht nur in vorhergehender offener, sondern auch in geschlossener Silbe andeutet[1]); u. z. begegnet er vornehmlich bei einwertigen Buchstaben, seltener bei *b g d k p t*, offensichtlich, um deren explosive Aussprache, soweit nicht vorgegeben, zu vermeiden: וּבְנַפְשִׁי *ubnafšī* „und nach meinem Willen" (1 S. 2, 35 [R]), לִבְנוֹת *libnōt* „zu bauen", andererseits לִנְתּוֹשׁ *lintoš* „auszurotten" (Jer. 1, 10 [R]) neben חוּלְדָּה *Ḥuldā* „Hulda" (2 R. 22, 14 [R]). Dieser Dageš-Gebrauch läßt sich nicht ohne weiteres in das traditionelle, auf BA beruhende Schema der Dageš-Regeln einordnen[2]); für eine Darstellung der Laut- und Formenlehre ist er insofern bedeutsam, als er davon abhält, etwa das BA-System historisch-genetisch allzu unbefangen für eine sprachgeschichtliche Erfassung des Hebr. zu benutzen.

6. Rafe רָפֶה „schwach" steht als Strich über dem Konsonanten (בֿ הֿ) in den Handschriften (so auch in L) und Drucken fast nur, um die absichtliche Auslassung eines Dageš oder Mappiq anzuzeigen, bzw. um finales He als Vokalbuchstaben oder *bgdkpt* als Spiranten zu kennzeichnen. In BH³ ist Rafe bis auf ganz wenige Fälle weggelassen; vgl. z. B. die mas. Mischform (§ 17, 1) P. לֹא תִּנְאָף, die entweder לֹא תִּנְאָף *lō tin'āf* „du sollst nicht ehebrechen" mit dem Verbindungsakzent Munaḥ (§ 15, 2a [19]) oder לֹא תִּנְאָף *lō tin'āf* mit dem Trenner Ṭifḥa (ebd., [8]) zur Wahl stellt. Ursprünglich besaß

[1]) A. Sperber, Masoretic Hebrew, §§ 66—73; R. Meyer, Die Bedeutung des Reuchlinianus für die hebr. Sprachgeschichte. Dargestellt am Dageš-Gebrauch. ZDMG 113 (1963), 51—61.

[2]) Soweit das Dageš in PsBN nach geschlossener Silbe oder trennendem Akzent steht, ähnelt es dem Dageš lene traditioneller Auffassung, ohne sich freilich mit ihm zu decken.

Rafe eine weit größere Bedeutung. In der Punktation von PsBN deutet es nicht nur Vokalbuchstaben, quiescierendes Alef (§ 22, 3a) oder Spirierung von *b g d k p t* an, sondern zugleich den konsonantischen Charakter von Waw und Yod im Wortinneren (MWII, 58*[4. 5]); z. B. zu Yod vgl. בַּיִת „Haus“, dem in BA בַּ֫יִת *báyiṯ* (1 S. 25, 28 [R]; § 52, 3a) entspricht, oder לִהְיוֹת *lihyōṯ* „zu sein“ (1 S. 19, 8 [R]) für das übliche לִהְיוֹת. Hinwiederum scheint Rafe bei der Präposition לְ auf die im Sam. belegte Aussprache mit Vokalvorschlag *el* hinzuweisen (ebd., 57* [2]; § 87, 2a), während es in Formen wie לִנְתוֹשׁ *linṯoš* oder וּבְנַפְשִׁי *uḇnafši* (s. u. 5) in Verbindung mit Šwa Silbenschluß *lin-*, *uḇ-naf-* andeutet. Hierzu kommt, daß es, im Gegensatz zu Dageš als dem Zeichen für Starkartikulation, die Schwachartikulation einwertiger Konsonanten — ähnlich wie heute noch im Jem. — andeuten kann[1]). Eine systematische Erfassung des älteren Rafe-Gebrauchs ist bisher nicht gelungen; doch dürften hier, wie bei Dageš, verschiedene Schulbräuche ineinander geflossen sein, deren Systematisierung man später um so weniger durchgeführt hat, als die normative Festlegung der Aussprache nach BA hierzu keinen Anlaß gab.

§ 15. Die Akzente

1. Jedem mit selbständigem Druck gesprochenen Wort ist in den Ausgaben des AT ein Akzent beigefügt. Die tib. Akzentzeichen, die wie die babyl. auf die ältere pal. Punktation zurückgehen und mittelbar mit den griech. Interpunktionszeichen zusammenhängen, spielen eine dreifache Rolle:

---

[1]) H. Grimme, Die jem. Aussprache des Hebr. und die Folgerungen daraus für die ältere Sprache. Festschrift für E. Sachau (Berlin 1915), 135; P. Kahle in: BL, § 8 b.

a) als Musiknoten, b) als Zeichen für den Wortdruck oder Ton, also Akzente im eigentlichen Sinne, und c) als Interpunktionszeichen[1]).

a) Als Musiknoten kennzeichnen die Juden die Akzente durch den Ausdruck נְגִינוֹת „Melodien".

b) Als Tonzeichen stehen die Akzente bei der Drucksilbe, also meist bei der letzten, seltener bei der vorletzten Silbe בָּרָא (Gn. 1, 1), וָבֹהוּ (Gn. 1, 2). Ein auf der letzten Silbe betontes Wort, Oxytonon, bezeichnen die Masoreten als מִלְרַע *milraʿ* „von unten", ein auf der vorletzten Silbe betontes Wort, Paroxytonon, als מִלְעֵיל *milʿēl* „von oben" betont. Steht ein Vokal bei dem Konsonanten, so treten die Akzente links oben oder unten daneben, לָרָקִיעַ *låråqî*^{a}ʿ (Gn. 1, 7), nur bei Ḥolem steht er rechts וָבֹהוּ *wåbōhū*. Nicht bei der Drucksilbe, sondern als Präpositive am Wortanfang stehen Yetib und Groß-Teliša, vier andere dagegen, Segolta, Pašṭa, Zarqa und Klein-Teliša, stehen postpositiv am Wortende; vgl. Yetib עֵשֶׂב *ʿēśæb* (Gn. 1, 11) mit Segolta הָרָקִיעַ *håråqî*^{a}ʿ (Gn. 1, 7). Fallen die Prä- und Postpositive nicht auf die Drucksilbe, so werden sie vielfach, besonders Pašṭa, daselbst wiederholt תֹהוּ *ṯōhū* (Gn. 1, 2).

c) Als Interpunktionszeichen deuten die Akzente die logische Gliederung des Satzes an. Die eigentlichen Satzzeichen sind diejenigen Akzente, die die Sinnabschnitte andeuten. Sie heißen טְעָמִים *ṭ*^{e}*ʿåmîm* „Sinnzeichen" oder, da sie den Satz regieren, מְלָכִים *m*^{e}*låḵîm* „Könige", in unseren Grammatiken Distinctive oder Trenner. Die anderen Zeichen, die der Modulation dienen und die enge Verbindung zusammengehöriger Wörter andeuten, heißen מְשָׁרְתִים *m*^{e}*šår*^{e}*ṯîm* „Diener" bzw. Coniunctive oder Verbinder.

1) Zum Folgenden vgl. P. Kahle in: BL, § 9.

2. Das tib. Akzentsystem besteht aus einem Prosasystem, das in 21 at.lichen Büchern angewendet wird, und einem poetischen System, das in Hi., Prv., und Ps. begegnet.

a) Das Prosasystem umfaßt 18 Trenner (Nr. 1—18) und 9 Verbinder (Nr. 19—27). Trennungsakzente sind: 1. Silluq סִלּוּק vor dem Satzschluß (Sofpasuq סוֹף פָּסוּק), ׃ בֽ, somit bei der letzten Drucksilbe im Satze, ׃ הָאָֽרֶץ (Gn. 1, 1); 2. Atnaḥ אַתְנָחָה, ב֑, deutet die Hauptzäsur an: אֱלֹהִ֑ים (Gn. 1, 1); 3. Segolta סְגוֹלְתָּא, ב֒, postpositiv; 4. Šalšelet שַׁלְשֶׁלֶת, ב֓ |; 5. Klein-Zaqef זָקֵף קָטוֹן, ב֔; 6. Groß-Zaqef זָקֵף גָּדוֹל, ב֕; 7. Rebiaʿ רְבִ֗יעַ, ב֗; 8. Ṭifḥa טִפְחָא, Ṭarḥa טַרְחָא, ב֖ ב֖, geht Atnaḥ und Silluq voraus oder steht auch in kurzen Sätzen an Stelle des ersteren, z. B. וְהָֽאֱלִילִ֖ים כָּלִ֥יל יַחֲלֹֽף „Und die Götzen — alles geht vorüber" (Jes. 2, 18); 9. Zarqa זַרְקָא, ב֮ ב֘, postpositiv; 10. Pašṭa פַּשְׁטָא, ב֙ ב֙, postpositiv; 11. Yetib יְתִיב, ב֚, präpositiv; 12. Tebir תְּבִיר, ב֛ ב֛; 13. Gereš גֵּ֜רֶשׁ, ב֜ ב֜; 14. Doppel-Gereš גֵּרְשַׁ֞יִם, ב֞ ב֞; 15. Pazer פָּזֵר, ב֡ ב֡; 16. Groß-Pazer oder Qarnefara פָּזֵר גָּדוֹל, קַרְנֵי פָרָה, ב֟; 17. Teliša תְּלִישָׁא, ב֠, präpositiv; 18. Legarmeh לְגַרְמֵהּ, ב֣ |, zusammengesetzt aus dem Verbinder Munaḥ und der Paseq-Linie (§ 16, 3).

Die Verbindungsakzente des Prosasystems sind: 19. Munaḥ מוּנָח, ב֣; 20. Mehuppach oder Mahpach מְהֻפָּךְ, מַהְפָּךְ: ב֤; 21. Mercha מֵירְכָא, ב֥ ב֥; 22. Doppel-Mercha מֵירְכָא כְּפוּלָה, ב֦ ב֦; 23. Darga דַּרְגָּא, ב֧; 24. Azla אַזְלָא, ב֨ ב֨; 25. Klein-Teliša תְּלִישָׁא קְטַנָּא, ב֩, postpositiv; 26. Galgal גַּלְגַּל, ב֪, findet sich zuweilen in Verbindung mit dem Trenner Groß-Pazer; 27. Maila מָאיְלָא, ב֑ ב֑, begegnet selten mit Atnaḥ oder Silluq im gleichen Wort oder Sprechtakt zur Andeutung des Nebendruckes, z. B. וַיֵּֽצֵא־נֹ֑חַ „und Noah ging hinaus" (Gn. 8, 18).

b) Das poetische System in Hi., Prv. und Ps. umfaßt 12 Trenner (Nr. 1—12) und 9 Verbinder (Nr. 13—21). Trennungsakzente sind: 1. Silluq beim Sofpasuq; 2. ʿOlewejored עוֹלֶה וְיוֹרֵד, בּ֫ בּ֥ (z. B. רוּחִ֫י), bildet mit vorausgehendem Zarqa oder Klein-Rebiaʿ eine Akzenteinheit und hat stärkere Trennwirkung als Atnaḥ; 3. Atnaḥ teilt kleinere Verse oder folgt als Nebentrenner auf ʿOlewejored in der zweiten Vershälfte; 4. Groß-Rebiaʿ, בּ֗; 5. Rebiaʿ mugraš רְבִ֫יַע מֻגְרָשׁ, בּ֗ בּ֗; 6. Groß-Šalšelet, | בּ֓; 7. Ṣinnor צִנּוֹר oder Zarqa זַרְקָא, בּ֮ בּ֘, postpositiv; 8. Klein-Rebiaʿ בּ֗, unmittelbar vor ʿOlewejored; 9. Deḥi דְחִי, mit dem älteren Namen Yetib, בּ֭ בּ֭, steht präpositiv regelmäßig vor Atnaḥ; 10. Pazer, בּ֡בּ֡; 11. Mehuppach-Legarmeh מְהֻפָּךְ לְגַרְמֵהּ, | בּ֤; 12. Azla-Legarmeh אַזְלָא לְגַרְמֵהּ, בּ֨ בּ֨.

Die Verbindungsakzente des poetischen Systems sind: 13. Mercha בּ֥ בּ֥; 14. Munaḥ בּ֣; 15. ʿIlluy עִלּוּי, בּ֬; 16. Ṭarḥa בּ֖ בּ֖, gleicht dem Trenner Deḥi (9) in der Form, steht aber im Gegensatz zu diesem bei der Drucksilbe; 17. Galgal בּ֪; 18. Mehuppach בּ֤; 19. Azla בּ֨ בּ֨; 20. Klein-Šalšelet בּ֓; 21. Ṣinnorit צִנּוֹרִית, בּ֘ בּ֘, bei offener Silbe im gleichen Wort vor Mercha und Mehuppach.

3. Doppelakzentuierung findet sich Gn. 35, 22 und im Dekalog Ex. 20, 2ff.; Dt. 5, 6ff.: אָנֹכִ֖י יְהוָ֣ה אֱלֹהֶ֑יךָ „Ich bin Jahwe, dein Gott"; sie beruht auf zweifacher Versabteilung.

4. Silluq und Atnaḥ im Prosasystem, sowie Silluq, ʿOlewejored und meist auch Atnaḥ im poetischen System, mitunter

auch kleinere Trenner wie Klein-Zaqef, bedingen statt der gewöhnlichen K.-Formen vollere, sog. P.-Formen (§ 21, 3 b). Die Akzente, vor allem die genannten großen Trenner, sind in den meisten Fällen wertvolle Hilfsmittel zur Erschließung der logischen und synt. Gliederung des Textes.

§ 16. Maqqef, Meteg, Paseq

1. Maqqef מַקֵּף „Verbinder" ist ein Bindestrich ־, der das System der Verbindungsakzente voraussetzt und zwei, zuweilen auch drei oder vier Wörter zu einer Akzenteinheit vereinigt. Meist handelt es sich um kleine Wörter, die proklit. oder enklit. stehen und durch Maqqef an das Wort mit dem Hauptdruck angeschlossen werden. Maqqef bedingt in den enttonten Wörtern oft Wandel eines *e* (< *i*) zu *æ* und eines *o* (< *u*) zu *å*, was aber für die Aussprache erst Bedeutung hat, seitdem Ṣere und Ḥolem ausschließlich als Symbole für *ē* und *ō* gelten (§ 11, 4. 6); vgl. אֵת הַשִּׁיר „das Lied" mit אֶת־הַשִּׁיר und כֹּל אָדָם „jeder Mensch" mit כָּל־אָדָם. Durch Meteg (s. u. 2) kann ein Nebendruck gesichert werden: כִּֽי־הִשְׁחִית, *kī-hišḥīṯ* „denn er hatte verdorben" (Gn. 6, 12). Ein langer Vokal kann in geschlossener Silbe mit Nebendruck erhalten bleiben: שָֽׁת־לִי *šāṯ-lī* „er hat mir gegeben" (Gn. 4, 25). Maqqef kann auch gesetzt werden, wenn in einer Wortverbindung zwei Drucksilben unmittelbar aufeinanderfolgen (§ 21, 3 a).

Hauptsächlich steht Maqqef nach den Partikeln אַל־ „nicht" (beim Prohibitiv; § 86, 5), פֶּן־ „damit nicht", אִם־ „wenn", אֶת־ „mit" oder Akk.-Zeichen (ohne Maqqef אֵת), עַד־ „bis", עַל־ „auf", אֶל־ „zu", עִם־ „mit", מִן־ „von", sowie vor ־נָא „doch"; des weiteren nach כִּי־ „daß, weil", גַּם־ „auch", כָּל־ „alles" (ohne Maqqef כֹּל), אֵין־ „es gibt nicht" (St. cstr. zu אַיִן „Nichts") und nach der Relativpartikel אֲשֶׁר־. Außerdem können längere Wörter, denen ein einsilbiges folgt, und zwei mehrsilbige durch Maqqef verbunden sein: הִתְהַלֶּךְ־נֹחַ „Noah wandelte“ (Gn. 6, 9). שִׁבְעָה־עָשָׂר „siebzehn“ (Gn. 7, 11).

2. Meteg מֶתֶג „Zaum“ steht ebenfalls in engem Zusammenhang mit den Verbindungsakzenten und kann ebenso wie Maqqef bisweilen durch einen Verbinder ersetzt werden. Meteg ist ein senkrechter Strich ◌ֽ, der außer bei Ḥolem links vom Vokal steht[1]). Es ist ein tib., der babyl. Masora unbekanntes Zeichen und erst allmählich zu größerer Geltung gekommen. Seine Anwendung schwankt in der Überlieferung, daher sind die auf dem Textus receptus fußenden Regeln nur teilweise verbindlich. Meteg bezeichnet den Nebendruck, zuweilen ist es auch grammatisches Zeichen. Man unterscheidet beim Meteg, in älterer Zeit meist Gaʿya גַּעְיָא „Stimmhebung“ genannt, a) das leichte, b) das schwere, c) das Wohllautsmeteg.

a) Das leichte Meteg steht als Nebendruckzeichen bei der letzten offenen Silbe vor dem Hauptdruck, die Vortonsilbe ausgenommen, הָֽאָדָם *hā'ādām* „der Mensch“. Konventionell begegnet es auch bei kurzem Vokal in offener Silbe vor an sich verdoppeltem Kehllaut (sog. virtuelle Verdoppelung; § 28, 3b) מִֽהַרְתֶּן *mihartæn* „ihr eiltet“; doch kennt die ältere BA-Überlieferung beides nicht: הָאָדָם, מִהַרְתֶּן (Nu. 31, 47; Ex. 2, 18). Es steht nicht bei Waw cop. in der Form וּ, z. B. וּבָנוֹת „und Töchter“, es sei denn vor Ḥaṭef-Lauten: וּֽזֲהַב „und Gold“ (Gn. 2, 12), וּֽבַעֲצָמוֹת „und mit Knochen“ (Hi. 10, 11). Es kann in der letzten offenen Silbe vor dem Nebendruck wiederholt werden, מֵֽהַתִּֽיכוֹנוֹת (Ez. 42, 6); dagegen nach BA nur מֵהַתִּֽיכוֹנוֹת „von den Mittleren“ (F. Pl.). Ist die vorletzte Silbe vor dem Hauptdruck geschlossen, so rückt das Meteg in die nächste oder auch übernächste offene

[1]) Über Rechtssetzung s. BH³, IV. VIII.

Silbe: הָֽאַרְבָּעִים „die vierzig", מְֽלֹא־הַגּוֹיִם „die Fülle der Völker" oder מֵֽהַתַּחְתּוֹנוֹת „von den Unteren". Als Lesehilfe setzt man Meteg bei langem Vokal in offener Silbe, die durch Šwa mobile von der Hauptdrucksilbe getrennt ist, אָֽכְלָה *'åkelå* „sie aß"; dagegen ohne Meteg אָכְלָה *'åklå* „Speise". Analog hierzu ist מִֽי־לָךְ „wer [ist] dir?" gebildet. Ferner steht es bei *å*, *ē*, *ō* in geschlossener Silbe vor Maqqef, שָֽׁת־לִי (s. u. 1), zuweilen auch in der Silbe nach dem Druck: אֹהֵ֣ב דָּ֑עַת „Erkenntnis liebend" (Prv. 12, 1), לְבָֽעֵר „um auszurotten" (Nu. 24, 22). Auf Grund des Textus receptus (so auch noch BH[2]) vertrat man bisher die Regel, daß bei jedem Vokal vor Ḥaṭef-Laut Meteg stehen müsse: פָּֽעֳלוֹ „sein Werk" (Dt. 32, 4), יַֽעֲלֶה „er steigt hinauf" (Lv. 17, 8). Hier ist es nach § 13, 4 überflüssig; desgleichen ist es in Formen wie הָֽאֲנָשִׁים „die Männer" (Jdc. 19, 25) und מָֽאֲסוּ „sie verachteten" (Jes. 5, 24) nach der älteren BA-Überlieferung nicht gerechtfertigt. Zu בַּֽעַדְךָ und יַֽעַמְדוּ vgl. § 29, 2b. Vor ה und ח steht Meteg in יִֽהְיֶה „er wird", לִֽחְיוֹת „um zu leben". Dieses Meteg in geschlossener Silbe soll wohl dem Hauchlaut einen besonderen konsonantischen Druck verleihen und damit eine geschlossene Silbe andeuten; vgl. PsBN לִהְיוֹת *lihyōṯ* „um zu sein" (§ 14, 6). In בָּֽתִּים „Häuser" (§ 58, 15), אָֽנָּה „bitte" stellt Meteg die Aussprache des Qameṣ als *å*, bei לָֽמָּה „warum" wohl zugleich die Pänultimabetonung *lắmmå* im Textus receptus sicher.

b) Das schwere Meteg begegnet häufig beim Artikel vor ehemals verdoppeltem Konsonanten mit Šwa, הַֽמְדַבְּרִים *hamdabberīm* < **hammedabberīm* „die Redenden"; dementsprechend auch dort, wo die Präfixe בְּ, כְּ, לְ (§ 32, 5) mit dem Artikel zusammengefallen sind, בַּֽמְסִלָּה *bamsillå* „auf der Straße". Dagegen steht es nicht vor יְ *ye*: הַיְלָדִים *haylåḏīm*

„die Kinder"; ausgenommen sind וַיְֽהִי „da geschah es" und וַיְֽחִי „und er lebte" vor Maqqef und bei Pašṭa (§ 15, 2a [10]) nach dem Textus receptus, während es auch hier die ältere BA-Überlieferung, וַיְהִי־לוֹ (2 R. 7, 20), וַיְהִי֙ (1 R. 18, 1), nicht bietet. Das schwere Meteg soll wohl die neugebildeten Silben als geschlossen kennzeichnen; ihm entspricht in PsBN Rafe mit Šwa (§ 14, 6): הַיְלָדִים *haylāḏīm* „die Jungen" neben הַזְּקֵנִים (sic!) *hazqǣnīm* „die Alten" (1 R. 12, 8 [R]), wo zusätzlich Meteg gebraucht wird.

Konventionell wird Meteg bei der Fragepartikel הֲ vor Kehllauten, zuweilen rechts vom Pataḥ gesetzt: הַֽאַתָּה oder הַאַתָּה „bist du?" (2 S. 7, 5); aber auch hier ist die Form ohne Meteg, הַאֵלֵךְ „soll ich gehen?" (Ex. 2, 7), älter.

c) Das Wohllautsmeteg fällt im wesentlichen mit dem leichten Meteg nach der Drucksilbe zusammen, וַיִּשָּׁבַע לוֹ „und er schwur ihm" (Gn. 24, 9). In dem poetischen Akzentsystem begegnet als musikalisches Zeichen Šwa-Gaʿya ֽ ְ, z. B. וְֽהָיָה „und er wird sein" (Ps. 1, 3).

3. Paseq פָּסֵק „Trenner", auch Pesiq פְּסִיק, ist ein senkrechter Strich zwischen zwei Wörtern |, wie er auch bei Šalšelet | ב֓ und Legarmeh | ב֣ (§ 15, 2a [4. 18]) begegnet. Seine Bedeutung ist weithin unklar. Wahrscheinlich dient es von vornherein verschiedenen Zwecken. Nach der Überlieferung steht das Zeichen, das in der babyl. Masora fehlt, nach einem Verbindungsakzent, um die hierdurch gegebene Sprecheinheit wieder aufzuheben; auch soll es die explosive Aussprache von *b g d k p t* bewirken. Im AT findet es sich über 480 mal, u. z. vornehmlich bei Wörtern, von denen das eine mit dem Buchstaben schließt, mit dem das folgende beginnt: וּבַרְזֶל | לָרֹב „und Eisen in Menge" (1 Chr. 22, 3); bei Aufeinanderfolge gleicher Wörter יַעֲקֹב | יַעֲקֹב (Gn. 46,

2); zur Vermeidung von Blasphemien: אִם־תִּקְטֹל אֱלוֹהַּ | רָשָׁע „O wolltest du ihn töten, Gott, den Frevler" (Ps. 139, 19), bzw. überhaupt zur synt. Klarstellung: וַתֹּאמֶר | כֵּן „und sie sagte: ‚Ja!'" (Jos. 2, 4 [LCR]); um Wörter auseinanderzuhalten, die leicht zusammengelesen werden können, יִשְׁמַע | אֵל „Gott wird [es] hören" (Ps. 55, 20), zur Vermeidung des Namens יִשְׁמָעֵאל; gelegentlich zur Kennzeichnung einer auffallenden und schwierigen Textstelle, unseren Zeichen „sic!" und „!" vergleichbar.

§ 17. Grammatische Bemerkungen der Masoreten

Durch die Forschungen von P. Kahle ist es möglich geworden, daß in BH³ nicht nur der Text von Ben Ašer, sondern darüber hinaus die mas. Beigaben der gleichen tib. Gelehrtenfamilie geboten werden[1]). Für die Grammatik sind an mas. Anmerkungen von allgemeiner Bedeutung: 1. Mischformen bezüglich der Vokalisierung, 2. Qere und Ketib, 3. Sebir und 4. Tilgungspunkte.

1. Mischformen (Formae mixtae). Da die Überlieferung über die Aussprache einzelner Wörter mitunter nicht feststand, stellten die Punktatoren verschiedene Auffassungen dadurch zur Wahl, daß sie den Konsonantentext teils nach der einen, teils nach der anderen Art vokalisierten. So kann z.B. שְׁתַּיִם „zwei" (F.) entweder שְׁתַּיִם *šeṯáyim* oder שְׁתַּיִם *šittáyim*, שָׁמַעַתְּ „du (F.) hörtest" (1 R. 1, 11) שָׁמַעַת *šåmáʿaṯ* und שָׁמַעְתְּ *šåmaʿt* gelesen werden. Daneben zeigt eine arab.-jüd. Abhandlung über das Šwa, daß שְׁתַּיִם im Gegensatz zur traditionellen Grammatik in Tiberias im 10. Jh. mit Vokalvor-

[1]) Zur grundlegenden Neubearbeitung der Masora für BH⁴ vgl. vorläufig G. E. Weil, La nouvelle édition de la Massorah (BHK IV) et l'histoire de la Massorah. SVT IX (1963), 266—284.

schlag gesprochen wurde: cstr. אשתי (BA שְׁתֵּי) *ištē[1]); dies entspricht PsBN abs. שְׁתַּיִם *eštaym* (Jos. 15, 60 [R]; § 59, 1). Ebenso kennt PsBN (R) zum zweiten Beispiel nur die Lesung *šāmaʿt*.

2. Qere קְרֵי und Ketib כְּתִיב. Mannigfache Gründe, von denen hier nur die grammatischen interessieren, haben die Masoreten veranlaßt, von dem ihnen jeweils vorliegenden Konsonantentext abzuweichen und aus anderen Handschriften bzw. Handschriftengruppen stammende Lesarten vorzuschlagen, die am Rande vermerkt wurden[2]). Man unterschied dabei zwischen dem festgelegten Konsonantentext als כְּתִיב „Geschriebenes“ und dem Vorschlag קְרֵי „zu Lesendes“ und setzte die Vokale des Qere unter den überlieferten Konsonantentext, während man die Konsonanten des Qere am Rande vermerkte. So steht z. B. Gn. 24, 33 im Text וַיּיּשַׂם, während am Rande ויושם vorgeschlagen ist. Zur Erschließung des Qere setzt man zu den Konsonanten der Randlesart die beim Ketib befindlichen Vokale וַיּוּשַׂם oder וַיֻּשַׂם (= sam.) „und es wurde vorgesetzt“. Will man das Ketib lesen, so muß man die Vokalisation erst erschließen; sie lautet hier וַיִּישֶׂם (= Gn. 50, 26; vgl. § 80, 31).

Bei einigen häufig vorkommenden Wörtern ist das Qere am Rande des Textes weggelassen, nur seine Vokale sind dem Ketib beigegeben; man spricht dann vom Qere perpetuum. Dieses liegt vor bei הִוא „sie“ im Pentateuch, wo MT in seiner traditionellen Form bis auf wenige Ausnahmen m. הוא für f. היא bietet; bei נַעֲרָ, wo im Pentateuch die Konsonantenform נער „Knabe“ für zu erwartendes נערה „Mädchen“ steht; ferner יְרוּשָׁלַםִ, das als Qere יְרוּשָׁלַיִם zu lesen ist, wäh-

[1]) Vgl. KG, 85f.

[2]) Zum Problem vgl. E. Würthwein, Der Text des Alten Testaments[2], 23.

rend das Ketib יְרוּשָׁלֵם lautet; יִשָּׂשכָר „Issachar“ hat Qere יִשָּׂכָר und Ketib יִשְׂשָׂכָר (?; BN יִשָּׂשׂכָר; G ʼΙσσαχαρ < *אישׂשכר ʼīš śaḵar [tib. ʼīš śåḵår] „Lohnarbeiter“); bei שְׁנַיִם und שְׁתַּיִם „zwei“ ist anscheinend an ein Qere שְׁנֵי, שְׁתֵּי und ein Ketib שְׁנַיִם und שְׁתַּיִם (s. auch u. 1) zu denken. Besonders zu merken ist das Qere perpetuum יְהוָה; ihm liegt das Ketib יַהְוֶה „Jahwe“, der alte israelitische Gottesname, zugrunde, der in der Tradition אֲדֹנַי „Herr“ ausgesprochen wurde. Die Vokalisation des Qere, auf יהוה übertragen, ergab bei Umwandlung des Ḥaṭef-Lautes in Šwa mobile und des Pataḥ zu Qameṣ in offener Schlußsilbe יְהוָה. Diese Schreibweise beeinflußte umgekehrt wieder die Vokalisation von אֲדֹנַי, indem man das Qameṣ übernahm und אֲדֹנָי als Sakralnamen „der Herr“ von profanem אֲדֹנַי „meine Herren“ unterschied. Wo יהוה hinter אֲדֹנָי steht, ist es nach אֱלֹהִים „Gott“ vokalisiert; so lautet das Qere zu אֲדֹנָי יְהוִֹה stets אֲדֹנָי אֱלֹהִים (Jes. 28, 16). In BH³ findet sich eine jüngere Umschreibung des Gottesnamens יְהוָה, die aram. שְׁמָא, hebr. הַשֵּׁם „der Name“ zu lesen ist.

Sollen Wörter des überlieferten Textes nicht gelesen werden, so vokalisieren sie die Masoreten nicht und vermerken am Rande כְּתִיב וְלֹא קְרֵי *kᵉṯīḇ wᵉlō qᵉrē* „geschrieben, aber nicht zu lesen“. Umgekehrt setzen die Masoreten dort, wo ein Wort zu ergänzen ist, dessen Vokalisation in eine Lücke des laufenden Textes und vermerken die Konsonanten mit den Worten קְרֵי וְלֹא כְתִיב *qᵉrē wᵉlō ḵᵉṯīḇ* „zu lesen, jedoch nicht geschrieben“ am Rande. So steht Jdc. 20, 13 im Text ֵ ְ wozu am Rande die Konsonanten בני gehören; also ist St. cstr. בְּנֵי „Söhne“ zu lesen.

3. Sebir סְבִיר „zu Vermutendes“. Eng verwandt mit Qere, wird Sebir (BH³: Seb) dort gesetzt, wo die vorgefundene Les-

art als unrichtig angesehen wird. Während beim Qere der Konsonantenbestand nicht verändert wird, ist dies beim Sebir der Fall. Die vermutete richtige Lesart wird neben den überkommenen Text gesetzt; so lautet Gn. 19, 33 zu בַּלַּיְלָה הִוא das Sebir בַּלַּיְלָה הַהוּא „in jener Nacht", das seinerseits mit der sam. Überlieferung übereinstimmt.

4. Tilgungspunkte (Puncta extraordinaria). Sie deuten Tilgung eines Buchstabens oder eines Wortes an. So soll Gn. 33, 4 וַיִּשָּׁקֵהוּ „und er küßte ihn" gestrichen werden.

Zweiter Teil: Lautlehre

§ 18. Allgemeines

Bevor die Masoreten das Hebr. systematisierten, hatte es bereits eine Geschichte von mehr als 1500 Jahren durchlaufen, teils als lebendes Idiom, teils als Schrift- und Gelehrtensprache. Entwickelte es sich zunächst im kan. Rahmen, so war es später mancherlei Einflüssen des Aram. ausgesetzt. Die Funde von Qumran geben jetzt einen bedeutsamen Einblick in seine Entwicklung und führen uns eine Sprachstufe (3. Jh. v. Chr.—1. Jh. n. Chr.) vor, die sich teilweise noch im Sam. erhalten hat, so daß damit dieser Dialekt in mancher Hinsicht eine ganz neue Bedeutung für die hebr. Grammatik erfährt[1]). Eine weitere Stufe lautlicher Entwicklung wird uns durch die Sek. (3. Jh. n. Chr.) mit dem fast völligen Schwund der Laryngale, der durchgängigen Spirierung von *b g d k p t* und dem Verlust z. B. des Endvokals der 2. M. Sg. Perf. und beim Suffix 2. M. Sg. vorgeführt. Ähnlich verhält es sich auch in der ältesten pal. Punktation. Mochten sich — wie in jeder

[1]) F. Diening, Das Hebr. bei den Samaritanern. BOS 24 (Stuttgart 1938); KG, 162—167; A. Murtonen, ebd. 338—356 (Anhang II); ders., Vocabulary.

Sprache — zuweilen archaische Ausspracheformen erhalten haben, als die Masoreten an die genaue Fixierung des Hebr. gingen, fanden sie eine weithin unter aram. Einfluß stehende, lokal natürlich differenzierte Sprache vor. Unter der Einwirkung nicht nur der syr. Masora, sondern auch der arab. Grammatik stehend, entwarfen sie nach der letzteren ihr Ideal vom Hebr., das zur Wiederbelebung der Laryngale, aber auch zum Wiederaufleben alter Endungen führte. Nimmt man hierzu die Systematisierung der Spiranten und Explosivlaute, so zeigt sich deutlich die Künstlichkeit weiter Gebiete der mas. Lautlehre[1]). Zudem nahm man das Hebr. phonetisch auf; daher erscheint es bei den Masoreten des Westens zuweilen anders als bei denen des Ostens. Rechnet man noch Schultraditionen, von denen wir BA, BN und PsBN als Konkurrenten kennen, hinzu, so ergibt sich, daß keines der mas. Systeme als das Ergebnis einer sprachgeschichtlichen Entwicklung anzusehen ist, sondern daß jedes System, auch BA, aus heterogenen Elementen besteht. Neben altüberlieferten Formen stehen mas. Restitutionsformen. Zuweilen begegnen auch lautliche Formen, die rein der Theorie angehören oder die infolge Abreißens der Tradition aus dem Mißverständnis des überlieferten Konsonantentextes entstanden sind. Zieht man dazu noch in Rechnung, daß für die Masoreten der synagogale Gesang, bzw. der liturgische Vortrag der heiligen Texte[2]) stark maßgebend gewesen ist, so wird man von einer Lautlehre nur mit Vorbehalt reden dürfen und sich vor allem vor einem allzu einfachen Entwicklungsschema wie auch vor einer Verabsolutierung der beobachteten Regeln hüten müssen.

Die Laut- und Silbenlehre umfaßt hauptsächlich Sprachlaute, Silbenbildung, Wort- und Satzdruck, Lautwandel durch

---

[1]) KG, 151—162; 167—199.

[2]) Vgl. den Kolophon des Moše ben Ašer zum Kodex C; ebd., 103 f.

Veränderung der Artikulationsbasis, kombinatorischen Lautwandel und Lautwechsel[1]).

§ 19. Einteilung der Sprachlaute

1. Teilt man die Sprachlaute nach ihrer Funktion ein, so hat man Sonanten und Konsonanten zu unterscheiden. Erstere sind die Träger des Silbenakzents, während die Konsonanten als deren Begleiter fungieren. Die Sonanten umfassen die reinen Vokale, zuweilen aber auch die Halbvokale *y (i̯)* und *w (u̯)*, sowie die Sonorlaute *l m n r*. Halbvokale und Sonorlaute sind also teils sonantisch, teils auch konsonantisch, werden aber hier nur nach ihrer konsonantischen Funktion betrachtet.

2. Die Konsonanten zerfallen ihrer Artikulationsstelle nach in Lippenlaute (Labiale), Zahnlaute (Dentale), Vordergaumenlaute (Palatale), Hintergaumenlaute (Velare), Seitenlaute (Laterale) und Kehlkopflaute (Laryngale). Nach der Artikulationsart unterscheidet man zwischen Explosiven, Spiranten und Sonoren, nach dem Verhalten der artikulierenden Teile stimmhafte, stimmlose und sog. „emphatische", besser velarisierte Laute, nach der Dauer Momentanlaute, zu denen die Explosiven, und Dauerlaute, zu denen Spiranten und Sonorlaute gehören.

§ 20. Die Silbe

1. Jede Silbe, damit jedes Wort, beginnt mit einem Konsonanten: דָּ|בָר *då-ḇår* „Wort", יִשְׁ|פֹּט *yiš-poṭ* „er richtet". Ausgenommen ist tib. die Partikel וְ „und" in der Form וּ (§ 22, 4b) vor ב, מ, פ, z. B. וּמִדְבָּר *ūmiḏbår* „und Wüste", so-

[1]) GVG I, §§ 35—100; BL, §§ 10—26; Bergsträßer, Grammatik I, §§ 13—30; H. Birkeland, Akzent und Vokalismus im Althebr. (Oslo 1940), 1—61.

Lauttabelle

Artikulationsart		Artikulationsstelle									
		bilabial	labiodental	interdental	apiko-alveolar	dorso-alveolar	palatal	velar	lateral	laryngal	
Explosive	stimmhaft	*b*			*d*		*g*				Momentanlaute
	stimmlos	*p*			*t*		*k*	*q*		ʾ	
	velarisiert					*ṭ*					
Spiranten	stimmhaft	*ḇ*		*ḏ*	*z*			*ḡ*		ʿ	Dauerlaute
	stimmlos		*f*	*ṯ*	*s*, *ś*, *š*			*ḵ*		*h*, *ḥ*	
	velarisiert					*ṣ*					
Sonore	r- und l-Laute				*r*				*l*		
	Nasale	*m*			*n*						
	Halbvokale	*w*					*y*				

Zur Artikulationsbezeichnung: bilabial = mit beiden Lippen; labiodental = Unterlippe an Oberzähnen; interdental = Zungenspitze zwischen den Zähnen; apikoalveolar = Zungenspitze am Zahnfleisch; dorsoalveolar = Zungenrücken am Zahnfleisch; palatal = Zungenrücken am Vordergaumen; velar = Zungenrücken am hinteren weichen Gaumen; lateral = Zungenseite an den Backenzähnen; laryngal = Kehlkopflaut.

wie vor Konsonanten mit Šwa, וּדְבַשׁ *ūḏᵉḇaš* „und Honig“. Doppelkonsonanz im Silbenanlaut begegnet nach der grammatischen Theorie zwar nicht, doch vgl. § 29, 1.

2. Im Silbenauslaut steht entweder Vokal oder Konsonant; im ersten Falle spricht man von einer offenen, im letzten von einer geschlossenen Silbe. Nach der Stellung im Wort oder in der Akzenteinheit unterscheidet man Drucksilben von solchen mit Nebendruck und von drucklosen Silben.

a) Die offene Silbe kann, wie im Arab. und Syr., langen oder kurzen Vokal haben. Kurzvokalige Silben sind im Mas. fast durchweg Neubildungen. Die offene Drucksilbe hat meist langen Vokal, קוֹ|לִי *qō-lī́* „meine Stimme“. Kurzer, lediglich in Pausa gedehnter Vokal findet sich in בַּ֫|עַל „Herr“, מֶ֫|לֶךְ „König“, סֵ֫|פֶר „Buch“, בֹּ֫|קֶר „Morgen“ (§ 34); יְ֫|גֶל „er entblöße“ (§ 82, 2b); außerdem beim Objektsuffix *-ánī* „mich“, לִמְּדַ֫נִי „er lehrte mich“ (§ 84, 3). Offene drucklose Silben und solche mit Nebendruck haben ebenfalls meist langen Vokal: שִׁי|רִים „Gesänge“, הָ|אָ|דָם „der Mensch“. Kurzer Vokal steht hauptsächlich in folgenden Fällen: 1. wenn *a*, *æ* oder *å* Kehllaute mit entsprechendem Ḥaṭef-Vokal nach sich haben: יַעֲמֹד „er tritt“, יֶחֱזַק „er wird stark“, פָּעֳלוֹ „sein Werk“; 2. wenn *a*, *æ*, *å* vor geschlossener Silbe mit Kehllaut und gleichem Vokal stehen: יַעַמְדוּ *yaʿamḏū* „sie treten“, יֶחֶזְקוּ *yæḥæzqū* „sie werden stark“, פָּעָלְךָ *påʿålḵå* „dein Werk“ (§ 29, 2 b); 3. vor einem theoretisch verdoppelten Kehllaut (sog. virtuelle Verdoppelung): מִהֵר „er eilte“, מִהַרְתֶּם „ihr eiltet“, הַאֵלֵךְ „soll ich gehen?“. Offene Endsilben ohne Druck sind tib. stets lang, דְּבָרֶ֫יךָ *dᵉḇårǽḵå* „deine Worte“. Offene Silben mit der geringsten Quantität, mit Šwa oder Ḥaṭef-Vokal, bezeichnet man herkömmlich als Vor- oder Nachschlagsilben: דְּבָרִים *d*^{e}*ḇårīm* „Worte“, יַעֲבֹד *ya*‘^{a}*ḇoḏ* „er dient“. Doch besagt diese Klassifikation weder etwas über das Wesen dieser kürzesten Silben noch über dasjenige der dominierenden Nachbarsilben.

b) Die geschlossene Drucksilbe hat entweder langen oder kurzen Vokal: דָּבָר *dåḇår* „Wort“, שָׁמַע *šåma*‘ „er hat gehört“. In geschlossener Pänultima begegnen als Vokal nur *a*, *æ*, *e*, *o*, nicht dagegen *i*, *å*, *u*: תִּשְׁלַ֫חְנָה „ihr sendet“, תְּדַבֵּ֫רְנָה „ihr (F.) redet“, תָּשֹׁ֫בְנָה „sie (F.) kehren um“, מִמֶּ֫נּוּ „von ihm“. Die geschlossene Nebendrucksilbe ist zuweilen lang: שָֽׁת־לִי „er gab mir“ (§ 16, 1), meist jedoch kurz, אֹהֵב דָּ֫עַת „Kenntnis liebend“ (Prv. 12, 1). Dagegen ist die drucklose Silbe stets kurz: מִשְׁפַּחְתִּי „meine Familie“, וַיָּ֫נָס *wayyånås* „und er floh“. Zu den drucklosen geschlossenen Silben gehören meist auch אִם „wenn“, מִן „von“, עִם „mit“, da sie in der Regel durch Maqqef (§ 16, 1) proklit. zum folgenden Wort gezogen werden. In druckloser Silbe findet sich *æ* statt *e*; vgl. וַיָּ֫קֶם *wayyåqæm* „und er stellte auf“ mit יָקֵם *yåqem* „er stelle auf“; sowie *u* und *å*, nicht aber *o*; vgl. וַיָּ֫קָם *wayyåqåm* „und er stand auf“ mit יָקֹם *yåqom* „er stehe auf“, כֻּלָּם *kullåm* „sie insgesamt“ mit כֹּל *kol* „alles“.

c) Mit zwei Konsonanten schließende Silben, als doppelt geschlossen bezeichnet, begegnen nur am Wortende. Es sind stets Drucksilben, und der letzte Konsonant ist ein Explosivlaut. Sie haben kurzen Vokal *a*, *e*, *i*, *o*, der in Pausa (§ 21, 3b) gedehnt wird, wobei *e* und *i* zu *ē* werden: דִּבַּרְתְּ „du (F.) redetest“, וַיֵּבְךְּ „und er weinte“, וַיִּשְׁבְּ „und er führte gefangen“, קֹשְׁטְ „Wahrheit“; die P.-Form ist graphisch nur bei *å* דִּבָּ֑רְתְּ *dibbårt* zu erkennen, bei *ē* נֵ֑רְדְּ *nērd* „Narde“ und *ō* קֹ֑שְׁטְ *qōšṭ* „Wahrheit“ nur durch den Trennungsakzent. Zu Šwa beim Schlußbuchstaben s. § 13, 2.

d) Eine Silbe, die mit dem Konsonanten schließt, mit dem die folgende beginnt, heißt zuweilen **geschärft**. Für sie gelten die gleichen Gesetze wie für die einfach geschlossene Silbe. Die Silbengrenze liegt hierbei im verdoppelten Konsonanten, אִמּוֹ *'im-mō* „seine Mutter". Im Gegensatz zum Arab., das bei allen Konsonanten Gemination kennt, scheiden mas. die Laryngale und ר (doch s. § 8, 13) für Verdoppelung aus (§ 28, 3 b).

§ 21. Wort- und Satzdruck

1. Die Hervorhebung einer Silbe im Wort oder eines Wortes im Satz geschieht entweder durch größere Schallfülle in der Rede oder durch eine höhere Stimmlage. Im ersteren Fall spricht man von einem exspiratorischen Akzent oder von dem Druck im Wort und im Satz, im letzteren vom musikalischen Akzent oder Ton. Da im Hebr. der exspiratorische Akzent überwiegt, wird man sich grammatisch auf die Akzentuierung durch den Druck beschränken. Wie in anderen Sprachen, so ist auch im Hebr. der Druck in Wort und Satz nicht gleichmäßig stark. Man unterscheidet daher den Hauptdruck, in dieser Grammatik meist als Druck bezeichnet, vom Nebendruck und von der Drucklosigkeit. Das Zeichen für den Nebendruck ist das Meteg, dessen Anwendung in der Tradition freilich schwankt (§ 16, 2).

2. a) Die mas. Festlegung des Wortdruckes schließt einen langen und verwickelten, in den Einzelheiten nicht mehr aufhellbaren Prozeß ab. Auch hier mischen sich, wie überall in der Masora, historisch Gewordenes, Schultraditionen, durch die Umgangssprache bedingte Gegenwartsgewohnheiten und Bedürfnisse des gottesdienstlichen Vortrages. Zur Zeit, als das Hebr. noch gesprochene Sprache war, lag der ehemals freie Akzent auf der Pänultima, sofern sie lang oder die entsprechende Form durch Endungen erweitert war, sonst auf der

drittletzten Silbe. Auf dieser Stufe der Druckverteilung steht offenkundig noch die in den Q-Texten angewendete Vokalisierung. Durch den Verlust der Auslautvokale, der teils um 1000 v. Chr., teils auch erst sehr spät erfolgte, rückte der Druck um eine Silbe weiter zum Wortende, so daß er sich nunmehr teils auf die Ultima, teils auf die Pänultima verteilte; vgl. **dábaru* > **dábar*, daher sam. *dēbar* (tib. דָבָר *dåḇår*) „Wort“, und Q סודם *Sódom*, vgl. G *Σόδομα* (tib. סְדֹם *Sᵉḏom* [Jes. 1, 10]); ferner *-kímmā* (Q und sam.) > *-ḵǽm* (§ 30, 3c).

b) Nach dem tib. Schema liegt der Wortdruck, im Gegensatz zur Betonung der Pänultima im Sam., im allgemeinen auf der Ultima, u. z. etymologisch berechtigt in שָׁלוֹם *šålōm* „Heil“, שִׁירִים *šīrīm* „Gesänge“, נְפַלְתֶּם *nᵉfaltǽm* „ihr seid gefallen“, andererseits sekundär, wohl bedingt durch die tib. Aussprachefixierung, in דָבָר (s. u. a), כָּתַב *kåṯáḇ* (< **ká-tab* < **kátaba*), „er schrieb“, כּוֹתֵב *kōṯéḇ* (<**kắtib* < **kā-tibu*) „schreibend.“ Ein Ultimadruck durch Akzentbindung an das Afformativ liegt im Perf. cons. K. וְכָתַבְתִּ֫י „und ich werde schreiben“ (§ 68, 2 g) vor.

c) Pänultimadruck findet sich 1. beim Perf. 1. Sg., 2. M. Sg., 1. Pl., und im Imperf. 2. und 3. F. Pl., z. B. כָּתַ֫בְתָּ „du hast geschrieben“, תִּכְתֹּ֫בְנָה „ihr (F.) schreibt“; 2. im Hi. aller Verben, ausgenommen III וי, im Qal und Ni. der Verben II וי, im Qal, Ni. und Ho. der Verben II gem., wenn sie auf *å*, *ī*, *ū* ausgehen: הוֹשִׁ֫יעָה „sie half“, הַגִּ֫ידִי „verkünde (F.)“, קָ֫מָה „sie erhob sich“, נָ֫סוּ „sie sind geflohen“, חַ֫תּוּ „sie sind erschrocken“, יֻכַּ֫תּוּ „sie (M.) werden zerschlagen“; 3. mit wenig Ausnahmen beim Verbum und Nomen samt Partikeln vor leichten Akk.- bzw. Gen.-Suffixen wie סוּסֵ֫נוּ „unser Pferd“,

לִמְּדַנִי „er lehrte mich“, דְּבָרֶיךָ „deine Worte“; 4. bei den Formen des Imperf. cons. mit geschlossener Ultima und zugleich offener und langer Pänultima (ausgenommen 1. Sg.), in denen sich bei tib. K.-Formen im Gegensatz zur babyl. Masora eine ältere Druckverteilung (s. u. a) erhalten hat: וַיָּקָם „und er erhob sich“; 5. meist im Lokaladv. auf *-å*, אַרְצָה „zur Erde“; 6. fast ständig bei den Segolaten נַעַר „Knabe“, מֶלֶךְ „König“, סֵפֶר „Buch“ und קֹדֶשׁ „Heiligtum“ (§ 52).

d) In den stehenden Ausdrücken הָלְאָה *hålᵉ'å* „hinweg!, fortan“ (Nu. 17, 2; Lv. 22, 27) und הָאֹהֱלָה *hå'ōhᵃᵉlå* „ins Zelt“ (Gn. 18, 6) liegt der Druck nur scheinbar auf der Antepänultima, da *lᵉ* und *hᵃ* keinen vollen Silbenwert haben. Die echte Antepänultima oder noch weiter zurückliegende Silben können nur Nebendruck (§ 16, 2a) erhalten.

3. a) Die Druckverhältnisse des Wortes werden vielfach entscheidend durch den Rhythmus der größeren Einheiten beeinflußt. So bilden Wörter, die inhaltlich zueinander gehören, Akzenteinheiten (Sprechtakte), in denen die letzte Drucksilbe den Hauptdruck hat, während die vorhergehenden nur Nebendruck erhalten: מַלְכֵי הָאָרֶץ *malkē hå'ăræṣ* „die Könige der Erde“, דְּבַר הָאִישׁ *dᵉbàr hå'īš* „das Wort des Mannes“. Durch Maqqef (§ 16, 1) kann auch völlige Enttonung angezeigt werden, כָּל־הָעִיר *kål-hå'īr* „die ganze Stadt“. Der Hauptdruck im Sprechakt kann nach rückwärts (regressiv) und auch nach vorn (progressiv) wirken; so entsteht bei einsilbigen Wörtern Proklisis und seltener Enklisis wie לֶךְ־נָא *lék-nå* „gehe doch!“. Würden nach der mas. Akzentfestlegung in einem Sprechtakt zwei Drucksilben zusammenstoßen, so findet entweder Enttonung der ersten Drucksilbe durch Maqqef statt, יִמְשָׁל־בָּךְ *yimšål-bắk* „er herrsche über dich“

für **yimšól bā̆k* (Gn. 3, 16), oder der Druck der ersten Silbe wird auf die vorhergehende Silbe verlagert (mas.: Nasog Aḥor נָסוֹג אָחוֹר oder Nesiga נְסִיגָה „Zurückweichen des Akzentes“), קָרָא לָיְלָה *qā̆rå lā̆ylå* „er nannte [sie] Nacht“ für **qårā̆ lā̆ylå* (Gn. 1, 5). Bei der im ersten Falle vorliegenden Attraktion sollte man freilich eher P. **yimšṓl-båk* <**yimšol békī* < **yámšul bíkī*, vgl. sam. *yámšil bek*, erwarten, im zweiten dagegen bedeutet Nesiga nichts anderes als die Beibehaltung der alten Aussprache P. *qā̆rå lā̆ylå* < **qárā láyla* <**qáraʾa láyla*, vgl. sam. *qā̆ra lī́le*[1]).

b) Der Schluß einer synt. zusammenhängenden Wortfolge, sei es als vorläufige Unterbrechung oder als Satz- bzw. Periodenschluß, Pausa (hebr. Hefseq הֶפְסֵק „Unterbrechung“) genannt und im wesentlichen durch die großen Trenner Silluq beim Sofpasuq ׃ ׀, Atnaḥ ֑, ʿOlewejored ֥֫ und Klein-Zaqef ֔ gekennzeichnet (§ 15, 4), bedingt als Träger stärkeren Druckes vielfach andere Wortformen als sie im laufenden Text begegnen. Man unterscheidet daher P.- und K.-Formen. In der Pausa können kurze Vokale gedehnt werden, so P. מָיִם „Wasser“ für K. מַ֫יִם, P. לָקָח „er nahm“ für K. לָקַח. Demgemäß werden auch *æ*, *e*, *o*, obwohl graphisch nicht erkennbar, gedehnt, z. B. מֶ֫לֶךְ „König“: K. *mǽlæk*, P. *mǣlæk*. Hierbei kann auch Lautwandel eintreten, z. B. *å* und *ē* für zu erwartendes *ǣ* bzw. *ā*: P. אָרֶץ, K. אֶ֫רֶץ „Erde“; P. יֹאכֵל, K. יֹאכַל „er ißt“. Zuweilen sind in der P.-Form älterer Druck auf der Pänultima und damit ursprünglichere Vokalqualitäten erhalten: P. נָתָ֫נָה *nåṯā́nå* < **natánā* < **nátanat* (§§ 64, 2a; 68, 2f), K. נָתְנָה „sie gab“; P. יִמְשֹׁ֫לוּ; *yimšṓlū* < **yimšólū* <**yamšúlū* (§ 68, 2a), K. יִמְשְׁלוּ „sie herrschen“; P. אָנֹ֫כִי *ʾånṓḵī* (vgl. akkad. *ʾanāku*), K. אָנֹכִי „ich“. Umgekehrt kann

[1]) Zum Sam. vgl. A. Murtonen in: KG, 338—356.

aber auch älterer Pänultimadruck der K.-Form durch Ultimadruck ersetzt werden, K. וַיָּמָת *wayyắmåṯ*, P. וַיָּמֹת *wayyåmōṯ* „und er starb“. Wo nicht Originalakzente den Pausaldruck andeuten, ist in dieser Grammatik Atnaḥ ◌֑ gesetzt.

§ 22. Wandel von Konsonanten durch Veränderung der Artikulationsbasis

1. Das Kan. wandelt gemeinsem. *ṯ* > *š*, *ḏ* > *z*, *ḍ*/*ẓ* > *ṣ* ab. Während im Ugar. *ẓ* erhalten ist, Verschiebung von *ṯ* > *š* wohl erst der Spätstufe angehört und *ḏ* noch teilweise begegnet, andererseits — wie im Aram. — zu *d* abgewandelt ist, hat das Hebr. den kan. Lautwandel durchweg vollzogen. Auch fallen im Hebr. die ugar. noch unterschiedenen Laute *ḥ*/*ḫ* > *ḥ*, ʿ/*ġ* > ʿ zumindest graphisch zusammen. Die endgültige Verschmelzung in der Aussprache fand anscheinend erst spät statt (§ 4, 3 a). Somit ergibt sich als althebr. Lautstufe: ʾ, *b*, *g*, *d*, *h*, *w*, *z*, *ḥ* [+ *ḫ*], *ṭ*, *y*, *k*, *l*, *m*, *n*, *s*, ʿ [+ *ġ*], *p*, *ṣ*, *q*, *r*, *ś*, *š*, *t*[1]).

2. Die Explosivlaute *b g d k p t*, im jüngeren Kan. lediglich teilweise aspiriert, nicht spiriert, wandelten sich unter aram. Einfluß etwa seit dem 6. Jh. v. Chr. zu Reibelauten. Dieser Prozeß endete etwa im 3. Jh. n. Chr. mit überwiegender Spirierung. Zum tib. System der doppelten Aussprache, *ḇ ḡ ḏ ḵ f ṯ* nach Vokalen und lautbarem Šwa, sonst *b g d k p t*, vgl. §§ 13, 2; 14, 4. Zur Spirierung im älteren babyl. und im pal. System vgl. tib. מִדְבָּר *miḏbår* mit babyl. *mäḏḇār* (MO, 197) „Wüste“ und pal. *šalṯā* (s. u. 3a) mit tib. P. שָׁאָלְתָּ *šåʾắltå* „du hast gefragt“ (MW I, 49f.).

[1]) Die Reihenfolge des ugar. Alphabets ist: *ʾa*, *b*, *g*, *ḫ*, *d*, *h*, *w*, *z*, *ḥ*, *ṭ*, *y*, *k*, *š*, *l*, *m*, *ḏ*, *n*, *ẓ*, *s*, ʿ, *p*, *ṣ*, *q*, *r*, *ṯ*, *ġ*, *t*, *ʾi*, *ʾu*, *s̀*; vgl. PRU II 184.

3. Die Laryngale haben sich im großen und ganzen bis in die Zeit von G erhalten. Später verlieren sie weithin ihren konsonantischen Wert. Diesen Lautstand setzen Sek. und die pal. Punktation voraus. Offenbar beseelt von einem sprachlichen Ideal nach Art der Koranaussprache, stellte man tib. und babyl. auf verschiedene Weise und mit unterschiedlichem Ergebnis die Kehllaute ', *h*, *ḥ*, ' wieder her[1]. Diesem Bemühen entstammen die Ḥaṭef-Laute (§ 13, 4) und das Pataḥ furtivum (§ 13, 6. 7), aber auch der Wirrwarr bezüglich Ersatzdehnung und „virtueller Verdoppelung". Schließlich ergaben sich hierbei auch künstliche Formen, die in der lebenden Sprache nie existiert haben.

a) א ist teilweise schon vorhebr. am Silbenschluß unter Dehnung des vorangehenden Vokals elidiert, so *a'* > *ā* > *ō* in **ra'šu* > **rāšu* > **rōšu* (*rūšunū* = **rōšunū* „unser Kopf", EA 264, 18) > ראש „Kopf" und **ṣa'nu* > **ṣānu* > **ṣōnu* (*zūnu*, EA 263, 12) > צאן „Kleinvieh". Im Ugar. ist ' noch erhalten: *ri'š* = **ri'šu* (akkad. *rēšu*, aram. *rēš*). *ṣi'n* = **ṣi'nu* (akkad. *ṣēnu*). Das Hebr. kontrahiert durchgehend, so *a'* > *ā* in קָרָ֫אתִי < **qará'tī* „ich rief", *i'* > *ē* in **ṣi'tu* > צֵאת „hinausgehen" und *u'* > *ō* in **bu'ru* > באר, בור „Brunnen". Schloß א nach Abfall der Auslautvokale das Wort, fiel es ebenfalls aus: מָצָא < **máṣā* (Q) < **maṣa'* < **maṣa'a* „er fand". Konsonantisches Alef begegnet, tib. häufiger als babyl., im Wortinneren: וְיַאְדִּיר *w^eya'dīr* „und er verherrlicht" (vgl. PsBN וְיַ֫אְדִּיר [Jes. 42, 21; § 14, 3]), נֶאֱחַז *næ'^æḥaz* „er wurde gefangen".

Silbenbeginnendes א ist am Wortanfang konsonantisch, אָמַר *'åmar* „er hat gesagt", im Wortinnern jedoch zeigen Sek. und die pal. Punktation[2]) Laryngalschwund an; vgl. pal. *hāreṣ* mit tib. הָאָ֫רֶץ „das Land", Sek. *χαῖαλωθ* mit tib. כָּאַיָּלוֹת

---

1) KG, 174—181. 2) Ebd., 178.

„wie die Hirschkühe“ (Ps. 18, 34), *μαχωβιμ* mit tib. מַכְאוֹבִים „Schmerzen“ (Ps. 32, 10), aber auch noch tib. מָלוּ (Ez. 28,16; vgl. Q מלו **malū* [1 Q Jes.[a] 14, 21]) neben מָלְאוּ „sie sind voll“; ferner כֵּאלֹהִים „wie Gott“, לַאדֹנִי „meinem Herrn“. Daneben ist א erhalten in Sek. *μεσσωηεμ*, tib. מִשֹּׁאֵיהֶם „vor ihren Verwüstungen“ (Ps. 35, 17). Ebenso steht babyl. *l'ekol* = *lekol*, tib. לֶאֱכֹל, „zu essen“ neben *mē'ekol*, tib. מֵאֲכֹל (MO, 188).

Quiescierendes א dient oft als Vokalbuchstabe (§ 9, 3), doch fällt es auch aus, so *רֵם statt *רְאֵם „Wildstier“ (Ps. 22,22), יָצָׄתִי für יָצָׄאתִי „ich ging hinaus “(Hi. 1, 21). Mas. Restitutionsformen sind רְאֵם, שְׁאֹל „Unterwelt“, vgl. Sek. *σωλ* (Ps. 49, 15) und pal. *šōl* (Ps. 30, 4); aber auch P. שָׁאַלְתָּ „du hast gefragt“ neben pal. *šaltā* (Ps. 40, 7) und בְּאֵר neben sam. *bēr* < **bi'r* < **bi'ru* (= ugar.) „Brunnen“.

b) ה, in PRU II 189, 6 akkad. durch *ú*[1]) wiedergegeben (vgl. EA 245, 35 *ba-di-ú*; ugar. *bdh* = **badihū* „in seiner Hand“), wird schon im Ugar. gelegentlich nach oder zwischen Vokalen elidiert[2]), zunehmend schwindet es in den jüngeren kan. Dialekten. Im Hebr. ist ה vielfach beim Suffix 3. M. Sg. zwischen Vokalen geschwunden, ebenso zuweilen beim Suffix 3. M. F. Pl., z. B. **lahu* (vgl. ugar. *lh* = **lahu*) > **law* > לוֹ „ihm“, **abīhū* > אָבִיו *'åḇīw* „sein Vater“, **barahimmā* (sam. *bara'immā*) > בְּרָאָם *bᵉrå'åm* „er schuf sie“ (Gn. 5, 2). Ebenso wird das ה des Artikels nach den Präfixen **bi* „in“, **ka* „wie“, **la* „zu“ elidiert: **bihayyad* > בַּיָּד *bayyåḏ* „mit der Hand“. Wo ה erhalten blieb, diente es lediglich als Vokalbuchstabe; Formen wie בְּהַשָּׁמַיִם „im Himmel“ (Ps. 36, 6) sind daher auf Laryngalrestitution zurückzuführen. Zwischenvokaliges ה

---

1) Vgl. hierzu R. Labat, Manuel d'épigraphie accadienne[3] (Paris 1959), 144f. [318 Deimel].

2) C. H. Gordon, Manual, § 5, 31.

ist zuweilen beim Inf. Ni. und Hi., וּבִכָּשְׁלוֹ *ūḇikkåšelō* „und bei seinem Stolpern“ (Prv. 24, 17), לָבִיא *låḇī* „hineinzubringen“ (Jer. 39, 7), geschwunden. Andererseits steht es im Suffix 3. F. Sg. *-*hā* > הָ und ־ָה, teilweise auch beim Suffix 3. M. Sg., sowie bei 3. M. F. Pl. nach Pl.-Formen auf -*ē*: כֻּלָּה „ihre Gesamtheit“, אָבִ֫יהָ „ihr Vater“, רָא֫וּהוּ „sie sahen ihn“, בְּנֵיהֶם „ihre (M.) Söhne“, עָרֵיהֶן „ihre (F.) Städte“, סוּסוֹתֵיהֶם „ihre (M.) Stuten“; weiteres s. § 46.

Besondere Bedeutung erhält der Schwund von zwischenvokaligem He dadurch, daß er die graphische Doppelform des Suffixes 3. M. Sg. ausgelöst hat; vgl. den altbybl. Gen. משפטה **mišpaṭihū* „seiner Rechtsprechung“ (um 1000) mit ארתו **'adataw* < **'adatahū* „seine Herrin“ (um 915). Nach dem Wandel *ahū* > *aw* > *ō* wurde entweder He oder Waw als Vokalbuchstabe gebraucht (§ 9, 2), sofern man nicht nach alter Weise überhaupt defektiv schrieb wie in phön. ראש **ru'šō* (*rōšō*[?]) < **ru'šaw* < **ra'šaw* < **ra'šahū*[1]) (um 825). In vorexilischer Zeit dominierte -*h* = -*o*; vgl. moab. ארצה *'arṣō*[2]) „sein Land“ (um 850) und jud. עבדה *'abdō* „sein Knecht“ (um 600). Im Gefolge weiterer Durchbildung der linearen Vokalisation in hell.-röm. Zeit (§ 9, 3) trat -*h* = -*ō* hinter -*w* = -*ō* sehr stark zurück. Dementsprechend herrscht später in MT -*w* = -*ō* vor; doch begegnet auch hier noch zuweilen -*h* = -*ō*, z. B. סוּתֹה „sein Gewand“ (Gn. 49, 11).

Reiner Vokalbuchstabe dagegen und somit — entgegen der seit B. Stade weithin herrschenden Auffassung[3]) — etymologisch nicht ableitbar ist z. B. das He in F. מַלְכָּה *malkå* < **malkā* < **malkat* < **malkatu* (§ 42, 3b) oder in 3. F. Sg.

---

[1]) Vgl. J. Friedrich, Phön.-pun. Grammatik, § 22; Cross-Freedman, 19.

[2]) Anders Cross-Freedman, 37, doch s. ebd., Anm. 7.

[3]) B. Stade, Lehrbuch der hebr. Grammatik (Leipzig 1879), 34—38.

קָטָ֑לָה *qåṭelā̆* < **qatálā* (= sam. *yaláda* [Gn. 4, 22] „sie hat geboren") < **qátalat* „sie tötete" (§ 64, 2a), wo He den durch Wegfall des Taw in Pausa entstandenen langen Auslautvokal -*ā* symbolisiert. Entstanden sein dürfte dieses He = *ā* etwa aus Formen wie ללה (tib. לַ֫יְלָה) **lēlā* < **lēlah* < **lēlahā* „Nacht, nachts" (§ 45, 3c) oder aus dem Suffix 3. F. Sg. ה- -*ā* < *-*ah* < **ahā* (§ 46, 2c). Von hier aus abgelöst, konnte es jederzeit zur Kennzeichnung eines wie auch immer morphologisch begründeten -*a* gebraucht werden. Damit entfällt die Ableitung F. הָ -*å* < -*ā* < **ah* < *-*at* < *-*atu* als nicht mehr stichhaltig[1]).

c) Noch ugar. steht Ḥet als stimmloser Kehlkopfreibelaut neben der velaren Spirans Ḫa. Unter aram. Einfluß, vielleicht auch schon im kan. Rahmen, setzt hebr. der Wandel *ḫ* > *ḥ* ein, der schließlich zur Elision, zumindest zu starker Schwächung führt. Für vorchristl. Zeit sei auf die Verwechslung von Ḥet mit ʿAyin verwiesen, wie sie in dem Schreibfehler 1Q Jes.[a] 37, 30, שעיס **šaʿīs* für MT שחיס, tib. *šåḥīs*, „Nachgewachsenes" vorliegt. Totale Elision begegnet in Sek. *ουαββωτη*, tib. וְהַבּ֫טֵחַ, „und der Vertrauende" (Ps. 32, 10) und pal. *mērōq*, tib. מֵרָחוֹק „von ferne"[2]); dagegen erscheint es schwach artikuliert in Sek. *αωσιμ*, tib. הַחֹסִים, „die Zuflucht Suchenden" (Ps. 18, 31), während eine Starkartikulation in Sek. *αββωτεειμ* הַבֹּטְחִים (Ps. 49, 7) vorliegt. Die Laryngalrestitution führte zur durchgängigen Aussprache als *ḥ*, so daß z. B. חִלֵּל (Wz. *ḥll*) „er durchbohrte" von חִלֵּל (Wz. *ḥll*) „er entweihte" in der Aussprache *ḥillel* nicht zu trennen ist.

d) Neben dem laryngalen Quetschlaut ʿAyin steht altkan. die velare Spirans Ġain. In der Zeit von G beginnt der Übergang *ġ* > ʿ, der auch hier wieder teils mit der völligen Elision,

1) Vgl. Cross-Freedman, 3—7. 32.
2) KG, 178.

teils mit Schwächung endet. Ersteres ist der Fall in Sek. *εϱιμ* הִרְעִים „er ließ donnern" (Ps. 29,3), pal. *yazob̲* יַעֲזֹב „er verläßt (Ps. 37, 28)[1]), letzteres in Sek. *εεμεδεθ*, tib. הֶעֱמַדְתָּ „du hast aufgestellt" (Ps. 31, 9). Tib. gibt ע nur ʿ wieder; daher ist עָרְבָה (Wz. *ʿrb*) „sie war angenehm" von עָרְבָה (Wz. *ġrb*) „es war Abend" weder graphisch noch lautlich zu unterscheiden.

e) Die sam. Aussprachetradition ist auf der Stufe der Schwachartikulation bzw. Elision der Kehllaute stehengeblieben[2]); vgl. אחד sam. *ad*, tib. *ʾaḥad̲* „eins"; ערב sam. *ǽrœb*, tib. *ʿǽrœb̲* „Abend" (Gn. 1, 5); הרקיע sam. *ārqī*ʿ, tib. *håråqīᵃʿ* „die Himmelsfeste"; ויעש sam. *wīyāš*, tib. *wayyáʿaś* „und er schuf" (ebd. 1, 7); האור sam. *åor*, tib. *håʾōr* (ebd. 1,4). Daß es sich hierbei nicht erst um späte Erscheinungen handelt, zeigen folgende jud. Beispiele aus der Zeit um 100 v. Chr.: ואתה **weʾattā* für ועתה, tib. *weʿattå*, „und nun" (1QJes.ᵃ 5,5); ועל **weʿal* für וְאַל, tib. *weʾal* „und nicht" (ebd. 6,9); ויׁשה **wayaśē* < **wayaʿśē* für ויעשה (MT ויעש, tib. *wayyáʿaś*) „und er machte" (ebd. 5,4) und מסלה **missélā* für מסלע, tib. *missǽlaʿ* (PsBN [R] מִסֶּלַע) „aus Sela" (ebd. 16,1)[3]).

4. Die Sonorlaute Waw und Yod sind in der Verdoppelung, meist im Wort- und Silbenanlaut, zuweilen auch am Silbenende erhalten, mitunter auch wiederhergestellt. Daneben findet weithin Elision statt.

a) Mit Ausnahme von **wa-* > וּ, וְ „und" ist *w* im Wortanlaut bereits altkan. zu *y* geworden[4]); seltene Formen sind וָלָד (Gn. 11, 30), vgl. ugar. *wld* = **waladu* „Kind", *וָו

[1]) Ebd.

[2]) A. Murtonen, Vocabulary, 17.

[3]) Vgl. R. Meyer, Der gegenwärtige Stand der Erforschung der in Palästina neugefundenen hebr. Handschriften: 14. Zur Sprache von ʿAin Feschcha. ThLZ 75 (1950), 722f.

[4]) C. H. Gordon, Manual, § 5, 20.

„Nagel“ (Ex. 38, 28), וָזָר „Schuldbelasteter“ (Prv. 21, 8), sowie einige Eigennamen.

Mittelhebr. sind וַדַּי „gewiß“, וַעַד „Versammlung“, וְרִיד „Halsader“, וֶשֶׁט „Schlund“, וָתִיק „tüchtig“, וֶתֶק „Schwindsucht“, וָתַר „er war reichlich“, וִתָּרוֹן „Rest“, וַתְּרָן „freigebig“. Etwas größer ist die Zahl der Formen I ו im Neuhebräischen.

b) Geht im Silbenanlaut ו und י einem Vokal voraus, ergibt sich ein steigender Diphthong. Als solcher hat *wa- „und“ wohl früh schon *ū- neben sich gehabt. Tib. ist *wa- meist zu w^e- reduziert; vor ב, מ, פ und Šwa mobile begegnet ū-, vor y^e- die Kontraktion wī: וּבָתִּים „und Häuser“, וּלְזַמֵּר „und zu spielen“, וִישַׁבְתֶּם „und ihr saßet“. Die babyl. Masora hat auch wi- in geschlossener druckloser Silbe, *wilzämmer* „und um zu spielen“ (MB, 59), sowie w^e- vor ב, מ, פ, w^e*ḇātīm* „und Häuser“ (MB, 27). Wortanlautendes y^e- verschmilzt, außer nach וְ „und“, mit den Präfixen בְּ, כְּ, לְ zu בִּי, כִּי, לִי, sonst bleibt es tib. erhalten.

Babyl. begegnet ye oft als ī, vgl. tib. יְחִי mit *īḥī* „er lebe“ (MO, 165). Der vokalische Einsatz (vgl. syr. *īḏaʿ* < y^e*ḏaʿ* „er erkannte“) findet sich teilweise auch in Sek., ιδαϑβεϱ tib. יְדַבֵּר „er redet“ (Ps. 49, 4) neben ουιεδαββεϱ, was einem tib. *וִידַבֵּר entspräche (Ps. 18, 48). Anscheinend ist tib. eine an sich schwankende Aussprache systematisiert. Nach Sek. scheint auch ū- für wa-/w^e- „und“ vormas. häufiger gewesen zu sein als nach späterer Regel. Außerdem sei angemerkt, daß in PsBN ū- vor Šwa und ב, מ, פ kurz ist[1]); vgl. וּצְדָקָה *uṣdāqā* „und Gerechtigkeit“, וּבְנַפְשִׁי *ubnafšī* „und nach meinem Willen“ (Jer. 9, 23; 1 S. 2, 35 [R]).

---

[1]) A. Sperber, Masoretic Hebrew, § 73; R. Meyer (oben 70, Anm. 1), 59.

c) Fallende Diphthonge stehen am Silbenende, wobei *w* und *y* als schließende Konsonanten zu betrachten sind. Sie können ursprünglich sein, **baytu* „Haus“, aber auch sekundär durch Wegfall der kurzen Auslautvokale, **šadayu* > שָׂדַי „Feld“. Bei *-iy* und *-uw* ist Vereinfachung zu *ī* und *ū* schon früh eingetreten: יִיטַב < **yiyṭab* „er ist gut“, הוּרַד < **huwrad* „er wurde hinuntergebracht“. Der Diphthong *-iw* wurde zu *ī*, רָצִ֫יתָ < **raṣiwtā* „du warst zufrieden“; erhalten ist er bei Gemination des *w*, עִוֵּר „blind“, ebenso im Pl. עִוְרִים *ʿiwrīm* < **ʿiwwᵉrīm*, תִּוָּרֵשׁ < **tanwariš* „du verarmst“ (Gn. 45, 11). Der Diphthong *-uy* begegnet als *ū*, יוּצַר < **yuyṣar* „er wird gemacht“, neben *ī*, vgl. tib. יִיסָךְ < **yuysak* „er wird ausgegossen“, doch sam. auch hier יוּסָךְ (Ex. 30, 32).

Die Kontraktion *ay* > *ē* und *aw* > *ō* ist bereits altkan.; vgl. ugar. *bt* = **bētu* (akkad. *bītum*) < **baytu* „Haus“, *mt* = **Mōtu* (Göttername) < **mawtu* „Tod“ für beide Status. Im Hebr. gehören kontrahierte, bzw. monophthongische Formen zum ältesten sprachlichen Grundbestand. Erst unter dem Einfluß der nach Beduinenart sprachlich konservativen zugewanderten Wüstenstämme, aber auch dann nur begrenzt, begegnen *aw* und *ay*; vgl. akkad. *Ausi'* = **Hawšiʿ* als Umschrift für den Namen des Königs הוֹשֵׁעַ „Hosea“ (732—724 v. Chr.) neben gleichzeitig für das gleiche Sprachgebiet Samaria belegten monophthongischen Bildungen (§ 5, 3). Das Nebeneinander von *-aw/ō* und *-ay/ē* unter Vorherrschen von *ō* und *ē* bestand in Palästina auch zu Origenes’ Zeiten.

Stehen tib. *-aw* und *-ay* in doppelt geschlossener Hauptdrucksilbe, so wird die Doppelkonsonanz durch einen Hilfsvokal (§ 29, 3c) aufgelöst: בַּ֫יִת *báyit̲* < **bayt̲*, מָ֫וֶת *mā́waet̲* < **mawt̲*, und die kontrahierten Formen בֵּית und מוֹת sind sekundär(!) dem St. cstr. zugewiesen. Doch fehlt die Konsequenz; vgl. den altüberkommenen St. abs. לֵיל „Nacht“ (Jes. 21, 11) neben לַיִל. Der Diphthong ist erhalten z. B. in בַּ֫יְתָה *báytå* (PsBN בַּיְתָה [Jes. 14, 17 (R)]) „nach Hause“ und לַ֫יְלָה *láylå* (Ps BN לַיְלָה [Jdc. 9, 32 (R)]) „Nacht“; vgl. hierzu § 45, 3c.

Beim Druck, aber auch sonst, erscheint der nach Wegfall der kurzen Auslautvokale entstandene Diphthong *-ay* (s. u. d) tib. als *ǣ* und babyl. als *ä*: יִרְאֶה (vgl. äth. *yér'ay*) „er sieht“, babyl. *hégä*, tib. הֶ֫גֶה < **higay* „Seufzen“ (MB, 68). Daneben ist *-ay* erhalten, abgesehen von Formen wie חַי „lebend“, Pl. חַיִּים, im Suffix 1. Sg. nach Pl./Du., עֵינַי „meine Augen“ (vgl. vorhebr. *ḫinaya* = **ʿēnāya* EA 144, 17), bei Eigennamen סִינַי „Sinai“, Interjektionen אַ֫חֲלַי „wenn doch“ und archaischen, zuweilen auch restituierten Formen, שָׂדַי neben שָׂדֶה „Feld“ גַּיְא neben גֵּיא „Tal“. Bei Nebendruck oder Drucklosigkeit steht *ē* als der wohl ältere Laut, daher St. cstr. שְׂדֵה. Soweit der Diphthong *aw* erhalten oder auch neu gebildet ist, begegnet er am Wortende: קַו „Schnur“, וַיְצַו „und er befahl“, oder als *åw*: P. קָו, שָׁוְא „Nichts, Böses“ (vgl. arab. *saw'un*), im Wortinnern als *aw*, שָׁלַ֫וְתִּי „ich war ruhig“, bei Gemination גַּוֵּךְ „dein (F.) Rücken“, שַׁוְעִי neben שַׁוְעִי *šawʿī* (Ps. 5, 3) „mein Hilferuf“. Neubildungen sind wohl עַוְלָה „Verkehrtheit“ und das Qere עַוְלָתָה für das Ketib עֹלָתָה „Bosheit“ (Ps. 92, 15; Hi. 5, 16).

d) Stehen *w* und *y* zwischen Vokalen, werden sie weitgehend elidiert. Die allgemeine Regel lautet für das Hebr.: Nach kurzem und vor langem Vokal fallen *w* und *y* aus und letzterer dominiert, בָּנוּ < **banayū* „sie bauten“, umgekehrt bleiben sie erhalten, בָּנוּי < **banūyu* „gebaut“. Sind beide Vokale kurz, so findet Elision und Kontraktion zu *å* statt, wenn der zweite Vokal *a* war, בָּנָה < **banaya* „er baute"; ist er nicht *a*, so erfolgt die Kontraktion zu *ǣ/ē*; u. z. *-ayu/-ayi* > *-ay* > *-ǣ/ē* (s. u. c) und *-iyu/-iyi* > *iy* > *-ī* > *-ǣ/ē*, wobei diese Kontraktion nur im Wortauslaut belegbar ist[1]). War im Ugar. von zwei kurzen Vokalen der letzte ein Kasusvokal, so dominierte dieser vermutlich wie im Akkad. bei der Halbvokalelesion: *šd* (Wz. *šdy*) = Nom. **šadū*, Gen. **šadī* oder **šadē* (= akkad.), Akk. **šadā* „Gefilde". Aus ugar. unkontrahiertem *bny* „bauend" lassen sich altkan. Nom. **bāniyu*, Gen. **bāniyi* > **bānī*, Akk. **bāniya* erschließen. Unkontrahierte Formen bilden, wohl infolge des sprachlich konservativen Charakters der zugewanderten Israeliten, den Ausgangspunkt für obige Lautregel im Hebr., das somit teilweise eigene Wege geht; z. B. **šadayu* > *šaday* (שַׂדַי) > abs. שָׂדֶה, cstr. שְׂדֵה, **bāniyu* > **bōniyu* (so wohl noch moab.) > **bōniy* > **bōnī* > abs. בֹּנֶה, cstr. בֹּנֵה; vgl. weiterhin § 82.

Auch erscheinen oft, vielleicht unter dem Zwang der Trilitteralität, *w* und *y* sekundär: שְׁוָרִים „Ochsen" (Hos. 12,12), שְׁוָקִים „Straßen" (Cant. 3, 2), z. T. zu ʾ reduziert, so im Pl. cstr. נְאוֹת *neʾōt̠* „Triften" (Jer. 9, 9) neben נְוֹת *newōt̠* (Zeph. 2, 6).

5. Auf aram. Einfluß geht der Wandel *ś* > *s* zurück; vgl. das Schwanken in der Orthographie שִׂכְלוּת, סִכְלוּת „Torheit".

§ 23. Wandel von Vokalen durch Veränderung der Artikulationsbasis

Als Grenzwerte im Sinne lautlicher Abstraktion wurden bereits um die Mitte des 2. Jts. in Ugarit die von uns als Grundvokale bezeichneten Selbstlaute *a*, *i* und *u* festgelegt.

---

[1]) Bergsträßer, Grammatik I, § 17 i—n.

Sie allein wurden in Verbindung mit Alef syllabisch kenntlich gemacht, während *e* und *o* graphisch nicht ausgedrückt wurden.

1. Lange Vokale. a) Naturlanges *ā* in der Drucksilbe wurde kan., das Ugar. ausgenommen, zu *ō*: שָׁלוֹם *šålōm* < **šālōm* < **šalām* < **šalāmu* (vgl. ugar. *šlm* = **šalāmu*, arab. *salāmun*) „Frieden"; desgleichen *ā* < *a'* in רֹאשׁ *rōš* < **rāš* < **rāšu* < **ra'šu* (§ 22, 3a). Infolge nachträglicher Druckverschiebung findet sich heute dieses *ō* < *ā* vielfach in druckloser Silbe: חוֹלִם *ḥōlīm* < **ḥṓlim* < **ḥā́lim* < **ḥā́limu* (vgl. arab. *ḥā́limun*) „träumend". Daneben begegnet altes *ā* in קָם *qåm* < *qām* „er stand, stehend", und zuweilen sind tib. *ā* und *ō* nebeneinander belegt: Part. M. Pl. קוֹמִים *qōmīm* (2 R. 16, 7) neben üblichem קָמִים *qåmīm*; שִׁרְיוֹן *širyōn* (1 S. 17, 5) „Panzer" neben שִׁרְיָן *širyån* (1 R. 22, 34). Auch findet sich *ā* in den Formen qattāl (§ 38, 5) טַבָּח „Koch", sowie *ō* neben *ā*, קַנּוֹא *qannō* „eifrig" (Jos. 24, 19), קַנָּא (Ex. 20, 5) *qannå* < **qannā* < **qannā'* < **qannā'u*, wozu jetzt altkan. *qá-na-a-u* „Neider" aus einem kürzlich entdeckten dreisprachigen heth. Vokabular zu vergleichen ist[1]). Auf aram. Einfluß beruht *a* in den Lehnwörtern כְּתָב „Schrift" und קְרָב „Kampf"; zu פְּרָת *P^eråṯ* < *P^erāṯ* „Euphrat" vgl. die in der mas. Überlieferung verschollene Vokalisation פורת **Purat* (= *Furaṯ*[?]), akkad. *Purattu*, in 1Q M 2, 11 (hebr.), 1Q IV 21, 17 (aram.). Ursprünglich druckloses *ā* tritt selten als *ō* in Erscheinung: אַתָּה *'attå* < *'áttā* (= Q, sam.; § 30, 3b) „du" (M.), מָצָא *måṣå* < **máṣā* < **máṣa'* < **máṣa'a* (§§ 22, 3a; 81, 1b), daneben aber לָמוֹ *låmō* < **lámmō* < **lahímmō* < **lahímmā* (§ 30, 3c) „ihnen" (M.). Neben naturlangem und ersatzgedehntem *ā* ist sekundäres *ā* < *a* häufig.

---

[1]) Noch unveröffentlicht; dankenswerter Hinweis durch W. v. Soden.

Das unausgeglichene, aus alter Zeit ererbte Nebeneinander von ā und ō oft in der gleichen Form — vgl. auch 1QS 5, 21 רוחום *rūḥōm mit tib. רוּחָם rūḥåm < rūḥām „ihr (M.) Geist“ — veranlaßte die Tiberier, die Aussprache des Hebr. im Sinne des ō-Vokalismus zu normieren. Der graphische Ausdruck hierfür ist das Doppelzeichen des Qameṣ (§ 11, 1a.c). Diese dem Westsyr. entsprechende Aussprache hat sich freilich babyl. nicht durchgesetzt, ebenso wie das Ostsyr. älteres ā beibehalten hat; vgl. BA לָשׁוֹן låšōn, tib. ausgesprochen lōšōn, dagegen babyl. lāšōn „Zunge“. Das sam. Hebr. wurde, obwohl eng benachbart, hiervon nicht betroffen. Zur modernen Aussprache von Qameṣ s. § 11 (Vorbemerkung).

b) Naturlanges ī steht z. B. in צַדִּיק „gerecht“, auch in proklit. מִי „wer“. Am Wortende erscheint ǣ (babyl. ä̆) < ī, פֶּה „Mund“ (vgl. sam. fī = tib. cstr. פִּי), andererseits מַלְכִּי Q, sam. málkī) „mein König“. Zum Wandel des Kontraktionsvokals ī < iy zu ǣ/ē vgl. § 22, 4 d.

c) Auch ū ist meist erhalten: בָּחוּר „Jüngling“, יָקוּמוּ „sie stehen auf“. Zuweilen wechseln, babyl. mehr als tib., ū und ō, offenbar infolge fließender Grenzen zwischen beiden Lauten. Bei Drucklosigkeit wird tib. mitunter ō < ā oder ō < aw zu ū, dagegen nicht babyl.: מָתוֹק (M.), מְתוּקָה (F.) „süß“, tib. מְגוּרַי (*מְגוֹרַי), babyl. m^egōray, „mein Aufenthalt in der Fremde“ (Gn. 47, 9). Zur Kürzung von ū- „und“ vor Šwa und ב, מ, פ in PsBN s. § 22, 4b.

2. Kurze Vokale. a) In geschlossener Silbe steht schon altkan. a neben i; vgl. ugar. 'aqtl = *'aqtulu neben 'iqtl = *'iqtalu (1. Sg. Imperf.)[1]), vorhebr. yazkur-mi „er möge gedenken“ (EA 228, 19) neben yitruṣ „es möge recht erscheinen“ (EA 103, 40). Im allgemeinen gilt, daß tib. in druck-

1) C. H. Gordon, Manual, § 9, 5.

loser geschlossener Silbe *i*, babyl. *a* bzw. *ä* vorherrschen und *a* vielfach ursprünglicher ist.

Tib. findet sich *a* bei Drucklosigkeit meist neben Kehllauten sowie vor *l* und *r*: מַחְסֹר „Mangel“, מַלְבּוּשׁ „Kleidung“, מַרְאֶה „Gesicht“; aber auch עִזִּים „Ziegen“, מִרְעֶה „Weide“, andererseits מַתָּנָה „Gabe“.

Aus dem Vorherrschen von *a* bei Laryngalen hat man bisher geschlossen, daß *a* sich hier als ursprünglich erhalten habe. Doch liegt wohl eher eine künstliche, mit der Wiederbelebung der Laryngale zusammenhängende mas. Systembildung vor.

Ferner findet sich *a* in den qattāl-Bildungen (§ 38, 5), טַבָּח „Koch“, vor verdoppeltem Konsonanten, מַבּוּל „Flut“, beim St. cstr. מַלְכַּת, in K.-Formen יִזְקַן „er wird alt“, im Wortinneren, נְפַלְתֶּם „ihr fielet“. Sonst herrscht *i* vor: מִדְבָּר „Wüste“, יְלִדְתִּיךָ „ich habe dich gezeugt“ (Ps. 2, 7); dagegen יָלַדְתִּי bei geschlossener Drucksilbe. In geschlossener Silbe wird *a* beim Satzdruck zu *å*, vgl. K. כָּתַבְתָּ, P. כָּתָבְתָּ „du hast geschrieben“. In offener Drucksilbe kommt *a* nur selten vor, zu קְטָלַנִי *q*^{e}*ṭålánī* vgl. § 84, 2f; zu Neubildungen wie נַעַר „Knabe“ s. § 20, 2a. In offener Silbe vor dem Druck wird *a* > *å* in der sog. Vortondehnung, einer sprachlich sehr jungen Erscheinung, כָּתַב „er schrieb“, לָשׁוֹן „Zunge“ und in Formen wie K. מָלְכוּ „sie herrschten“, (sam. *malákū* [Gn. 36, 31], ebenso Q). Dieses sog. Vortonqameṣ unterliegt den Schwankungen, die sich aus den Druckverschiebungen in Wort und Satz ergeben: כְּתַבְתֶּם „ihr schriebet“, לְשׁוֹנִי „meine Zunge“. Nur selten steht Šwa vor dem Druck, wo man *å* < *a* erwarten sollte, so in שְׂאוּ „tragt“, das eine Reduktion nach Druckverlagerung aus vormas. **šá'ū* (= sam.) darstellt. In מְחִיר, akkad. *maḫīrum*, „Kaufpreis“, תְּכֵלֶת, akkad.

takiltum, „Purpur“ scheinen aram. vermittelte Wörter vorzuliegen. Das kurze *á* in *maláku͞* (Q und sam. [s. o.]) ist mas. vor dem Druck in der K.-Form מַלְכוּ stets zu Šwa reduziert; zu P. מָלָֽכוּ s. § 21, 3 b.

b) Kurzes *i* steht in tib. druckloser geschlossener Silbe bei סִפְרִי „mein Buch“, אִמּוֹ „seine Mutter“, אֹיִבְךָ „dein Feind“ und proklit. אִם „wenn“, עִם „mit“. Die Sek.-Formen *εμ* tib. עִם „mit“ (Ps. 89, 39), *εμμανου* tib. עִמָּ֫נוּ „mit uns“ (Ps. 46, 8. 12), *σεδκι* tib. צִדְקִי „meine Gerechtigkeit“ (Ps. 35, 27), *ιεγδελ* tib. יִגְדַּל „er wird groß“ (Ps. 35, 27), *ιερε* tib. יִרְאֶה „er sieht“ (Ps. 49, 10) sprechen dafür, daß dieses *i* aus älterem *e* < *i* mas. weithin neugebildet wurde. Als *æ* begegnet *e* < *i* tib. im allgemeinen vor und nach Kehllauten: עֶגְלֵךְ „dein (F.) Kalb“, vgl. arab. *ʿiğlun*. Mitunter steht *i*, יִחְיֶה „er lebt“, oder *æ* neben *i*: אִמְרָתוֹ (Ps. 147, 15) und אֶמְרָתוֹ (Thr. 2, 17) „seine Rede“; stets dagegen *i* im Perf. Hi. הִשְׁמִ֫יעַ „er ließ hören“, ausgenommen die Verba I lar., הֶעֱמִיד „er stellte auf“. Auch vor einem Gaumenlaut steht tib. zuweilen *æ*: נֶגְדִּי „mir gegenüber“, נֶכְדִּי „meine Nachkommen“.

Die offene Silbe vor dem Druck hat teils *ē*, teils Šwa: לֵבָב < **lebab* < **libabu* „Herz“; בְּנִי, vgl. sam. *bénī* (Gn. 21, 10), „mein Sohn“, כָּבְדָה, vgl. sam. *kabédā* (Gn. 18,20), „sie war schwer“, חֲמוֹר, vgl. arab. *ḥimārun*, „Esel“. Zuweilen stehen *e* und Šwa bei gleichen Druckverhältnissen nebeneinander: יוֹלֵדָה „Gebärende“ (Hos. 13, 13), הַיֹּלְדֹת (Jer. 16, 3). In geschlossener und offener Drucksilbe begegnet *e* < *i* teils als *ē*: P. אֹיֵב *ʾōyēḇ*, vgl. Sek. *ωιηβ*, „Feind“ (Ps. 31, 9), P. סֵ֫פֶר *séfær* „Buch“, teils als *e*: יְדַבֵּר *yᵉḏabber*, Sek. *ιδαββερ*, „er redet“ (Ps. 49, 4), K. סֵ֫פֶר *séfær*. Kurzes *e* < *i* liegt auch vor in K.-Formen wie תְּגַ֫לְנָה „sie jauchzen“. Häufig findet sich *a* für *e* < *i* sowohl beim Nebendruck im St. cstr. der Formen qatil (§ 35, 2), זְקַן (St. abs. זָקֵן) „Greis“, wie beim Hauptdruck, תֵּלַדְנָה „sie gebären“.

c) Das ursprüngliche kurze *u* in geschlossener Silbe hat sich babyl. anscheinend erhalten; vgl. *šuršō* „seine Wurzel“ mit akkad. *šuršum*. Dagegen wechselt es pal. weithin mit *o* bzw. *å*, das ja nach § 11, 1b. c lediglich eine Schreibvariante für kurzes *o* darstellt. So entspricht babyl. *šuršō* tib. שָׁרְשׁוֹ *šåršō*, PsBN שָׁרְשׁוֹ *šoršō* (Ez. 31, 7), und für Sek. οκκωθαι steht tib. חֻקֹּתַי „meine Gesetze“ (Ps. 89, 32). Dieses *o* < *u* hat man ferner in כֹּל, vgl. arab. *kullun*; es wird regelmäßig vor Maqqef, כָּל־, vor den schweren Suffixen, יִקְטָלְכֶם, meist bei Segolaten, אָזְנִי „mein Ohr“, als *å* geschrieben. Da *å* und *o* den gleichen kurzen *o*-Laut wiedergeben, besteht mitunter auch ein Schwanken zwischen *å* und *u*, so im Ho., wo הָקְטַל neben הֻקְטַל steht; ferner עָזִּי (Ps. 28, 7) neben עָזִי (Ex. 15, 2) und PsBN עֻזִּי (Jes. 12, 2 [R]) „meine Kraft“. Soll, wie in den alten Pass.-Bildungen des Qal, *u* in an sich offener Silbe vor dem Druck erhalten bleiben, wird der folgende Konsonant sekundär geminiert, לֻקַּח *luqqaḥ* „er wurde genommen“ (Gn. 3, 23). In offener Silbe vor dem Druck steht mas. Šwa für *o* < *u*: יָכְלָה (Q **yakólā*) „sie konnte“, יִשְׁמְרוּ (Q **yišmórū*) „sie bewahren“, חֳלִי (Q **ḥólī*) „Krankheit“; vor Pausa findet sich *o* in יִקְצֹרוּן „sie ernten“ (Ru. 2, 9). Geschlossene und offene Drucksilben können *o* und *ō* haben: K. יִטְרֹף *yiṭrof*, P. יִטְרֹף *yiṭrōf* „er raubt“; K. קֹדֶשׁ *qódæš*, P. קֹדֶשׁ *qōdæš*, „Heiligtum“.

§ 24. Assimilation von Konsonanten

1. Wie in jeder Sprache, so bewirkt auch im Hebr. der Redefluß, daß zwei unmittelbar aufeinander folgende oder nahe beieinander stehende unterschiedliche Laute zuweilen

gegenseitig teilweise (partiell) oder gänzlich (total) angeglichen (assimiliert) werden. Die Assimilation wirkt entweder nach vorn, wenn von zwei aufeinander folgenden Lauten der erste stärker ist als der zweite, oder sie ist rückwirkend, wenn sich der zweite Laut dem vorhergehenden gegenüber als stärker erweist. Im ersten Falle spricht man von progressiver, im zweiten von regressiver Assimilation.

2. Progressive Assimilation. a) Partielle progressive Assimilation bei unmittelbarer Berührung tritt ein, wenn das ת im Präformativ הִתְ־ des Hiṯp. durch Metathesis (§ 28, 2) nach צ zu stehen kommt, In diesem Falle wird ת zu ט, נִצְטַדָּק „wir rechtfertigen uns" (Gn. 44, 16). Totale Angleichung findet sich bei הִזַּכּוּ *hizzakkū* < **hizdakkū* < **hiztakkū* „reinigt euch" (Jes. 1, 16).

b) Durch gänzliche Angleichung kann sich ה beim Suffix 3. M. und F. Sg. im vorhergehenden vokallosen ת oder נ auflösen: גְּנָבַ֫תּוּ < **g^e^nå̄ḇáṯhū* „sie stahl ihn" (Hi. 21, 18), אֲחָזַ֫תָּה <**'^a^ḥå̄záṯhå̄* „sie faßte sie". (Jer. 49, 24), P. יִקָּחֶ֫נּוּ < **yiqqå̄ḥǽnhū* „er nimmt ihn" (Hi. 40, 24). P. יִקָּחֶ֫נָּה < **yiqqå̄ḥǽnhå̄* „er nimmt sie" (Dt. 20, 7). Daneben bestehen auch nicht assimilierte Formen: P. אֲהֵבַ֫תְהוּ „sie liebte ihn" (1 S. 18, 28), יִצְּרֶ֫נְהוּ „er bewahrt ihn" (Dt. 32, 10). Handelt es sich hier nach manchen[1]) auch um mas. Neubildungen, so begegnet doch bereits ugar. *w'aqbrn*, vgl. יְאֶקְבְּרֶנּוּ, neben *w'aqbrnh*, vgl. וְאֶקְבְּרֶ֫נְהוּ, „ich werde ihn begraben[2]).

3. Regressive Assimilation. a) Durch vollständige Angleichung geht das ת im Präformativ des Hiṯp. im folgenden *d* und *ṭ* auf: מְדַבֵּר für **miṯdabbēr* „redend" (Ez. 2, 2), יִטַּמָּא für

[1]) Vgl. BL, § 15 b, Anm. 2.
[2]) C. H. Gordon, Manual, § 6, 17.

**yiṭṭammå* „er verunreinigt sich" (Lv. 21, 1). Keine Besonderheit bietet P. תִּתַּמָּם „du zeigst dich redlich" (Ps. 18, 26). Zuweilen wird das ת des Reflexivs auch folgendem כ, נ, ר angeglichen: תִּכּוֹנֵן für **tiṯkōnen* „sie wird aufgestellt" (Nu. 21, 27). הִנַּבְּאוּ für *hiṯnabbᵉʼū* „sie weissagten" (Jer. 23, 13), אֵרוֹמָם für *ʼ*æṯrōmåm* „ich will mich erheben"; merke auch תִּשּׁוֹמֵם „du schädigst dich" (Qoh 7, 16) neben יִשְׁתּוֹמֵם „er ist betäubt" (Ps 143, 4).

Folgendem ת der F.-Endung *-t* (§ 42, 3) wird ד angeglichen: לַת < **latt* < **lidtu* „Geburt" (1 S. 4, 19), אַחַת < *ʼ*aḥattu* (= ugar.[1]) < *ʼ*aḥadtu* „eine". שֵׁשׁ „sechs" setzt **šiššu* < **šidšu* voraus, vgl. ugar. *ṯṯ* = **ṯiṯṯu* < **ṯidṯu*[2]) und arab. *sittun* „sechs" neben *sădisun* „sechster"; zum Wandel von altkan. *ṯ* > *š* s. § 22, 1.

Wahrscheinlich hat sich die Assimilation der Dentale ד und ט an darauffolgende ת-Afformative auch dort vollzogen, wo dies infolge historischer Schreibweise und Analogiebildungen nicht erkennbar ist, so in den analog zu קָטַלְתָּ vokalisierten Formen עָבַדְתָּ *ʻåḇáttå* „du dientest", נִשְׁפַּטְתִּי *nišpáttī* „ich rechtete".

b) Der Sonorlaut נ wird, wie schon altkan., folgendem Konsonanten total assimiliert: מִקֶּדֶם für מִן־קֶדֶם „von Osten", sek. μεσσωλ < **miššōl*, tib. מִן־שְׁאוֹל *min-šᵉōl* „aus der Unterwelt" (vgl. § 34, 6), מַבּוּעַ (Wz. *nbʻ*) „Quelle", יִמָּלֵא < **yinmålē* „er füllt sich", יִגַּשׁ < **yingaš* „er nähert sich", אַפִּי (vgl. arab. *ʼánfī*) „meine Nase", אַתָּה, ugar. *ʼat* = *ʼ*attā* < *ʼ*antā* „du (M.)"[3]). Die Assimilation unterbleibt im allgemeinen bei folgendem Kehllaut: יִנְאַץ „er verschmäht", יִנְחַם „er

---

1) Ebd., § 5, 27.
2) Ebd., § 7, 11.
3) Ebd., § 6, 1.

knurrt", יִנְעָם „er ist angenehm" (Prv. 2,10). Dies dürfte in der Schwäche der Laryngale begründet sein, die vormas. weithin überlesen wurden; vgl. tib. יַנְחִיל *yanḥīl* mit sam. *yānīl*[1]) „er gibt in Besitz." Eine Ausnahme bilden Imperf., Imp. und Inf. Ni. der Verben I lar.: יֵאָסֵף für **yin'åsef* (§ 73, 3a) „er versammelt sich", יֵחַת (§ 76, 2a) „er steigt herab" (Jer. 21, 13) neben וַתִּנְחַת „und sie stieg herab" (Ps. 38,3). Ausgenommen sind ferner, wie im Ugar., die Verba III נ, שָׁכַנְתִּי „ich wohnte", und die Partikel מִן vor dem Artikel, מִן־הָאָרֶץ „aus dem Lande". Hiervon weicht נָתַן „geben" ab, z. B. נָתַתִּי „ich gab"; ferner einzelne Nominalformen wie אֲמִתּוֹ < **'amintō* „seine Treue" (St. abs. אֱמֶת). Formen wie תִּשְׁכֹּנָּה „sie (F.) werden wohnen" (Ez. 17, 23) bieten keine Besonderheit.

c) In כִּכָּר < **karkaru* „Umkreis, Talent" ist ר folgendem כ assimiliert.

4. Partielle Assimilation von Wurzelkonsonanten. Partielle Assimilation, teils in Kontakt-, teils in Fernstellung, läßt sich bei verschiedenen Wörtern beobachten; so begegnet aram. die Assimilation von *t* als zweitem Radikal an vorhergehendes *q* zu *ṭ*: vgl. arab. *qátala* mit aram. *q^{e}ṭal* und hebr. קָטַל. Damit ist קָטַל als aram. Lehnwort anzusprechen, wie wahrscheinlich auch קִיטוֹר „Rauch", קְטֹרֶת „Opferrauch, Räucherwerk" samt den Denominativen קִטֵּר, הִקְטִיר „ein Opfer als Rauch aufsteigen lassen". Daß es sich hierbei um eine junge Erscheinung handelt, zeigt ein Vergleich von קָטֹן „klein, jung" mit ugar. *qṭn*, hier wohl Eigenname (vgl. Esr. 8, 12), und akkad. *qatnum* „dünn, jung". Als Beispiel für regressive Angleichung eines stimmlosen Lautes an einen stimmhaften

[1]) A. Murtonen, Vocabulary, 140: *yānîl*.

in Fernstellung führt man mitunter *p* > *b* in בַּרְזֶל, akkad. *parzillum* (phön. *brzl*, ugar. *brd̲l*, altaram. *przl*), „Eisen" an, doch wird hierbei übersehen, daß in der kan. Form **bard̲illu* bzw. **barzillu* das heth. Lehnwort *barzillu* vorliegt.

§ 25. Wechselseitige Vokalassimilation

1. Tib. scheint es, als würde Pataḥ in offener Drucksilbe bei Segolaten folgendem Sproßvokal *æ* (§ 29, 3b) assimiliert; vgl. arab. *nafsun* mit נֶפֶשׁ < **napšu* „Seele". Doch liegt hier wohl nur graphischer Ausgleich vor, da offenes *a* und *æ* ohnehin dicht beieinander liegen; vgl. Sek. *αϱς* mit אֶרֶץ „Erde" (Ps. 35, 20), andererseits *δεϱχ* mit דֶּרֶךְ „Weg" (Ps. 32, 8). Dagegen liegt echter Vokalausgleich beim Pronominalsuffix vor, wo der Bindevokal dem Auslautvokal des Suffixes assimiliert ist; z. B. P. סוּסֶךָ *sūsǽk̲å* < **sūsákā* „dein [M.] Pferd", סוּסֵךְ *sūsēk̲* < **sūsékī* < **sūsikī* [F.]; ebenso in Formen wie יִרְאֶהָ *yir'ǽhå* < **yir'éhā* < **yar'īhā* „er sieht sie" im Gegensatz zu יִרְאֵנִי *yir'énī* < **yar'īnī* „er sieht mich" (vgl. §§ 46, 2 c; 84, 2 a; 85, 7).

2. Die ältere Regel, wonach die Reduktionsvokale bei בְּ „in, mit", לְ „für, zu", כְּ „wie", וְ „und" tib. bei folgendem Kehllaut mit Ḥaṭef den entsprechenden Vollvokal erhalten, muß dahingehend modifiziert werden, daß die Ḥaṭef-Laute nach dem Vokal gefärbt sind, den die Präfixe nach Elision der Laryngalis erhalten haben (§ 13, 4); vgl. tib. nicht restituiertes לֵאמֹר *lēmor* (PsBN לֵאֱמֹר; Jos. 1, 1 [R]) „nämlich" mit לֶאֱכֹל *læ'ᵉk̲ol*, babyl. *lek̲ol*, „zu essen" und בַּעֲצָמַי *ba'ᵃṣåmay*, pal. *b̲aṣamay*, „in meinen Gebeinen"[1]). Sinngemäß sind כַּאֲרִי „wie ein Löwe", וַחֲכַם „und sei klug" zu verstehen.

[1]) KG, 178.

§ 26. Angleichung von Vokalen an Konsonanten

1. Eine Assimilation von Konsonanten an Vokale ist im Hebr. nicht feststellbar. Die angebliche Assimilation von *b g d k p t* an vorhergehenden Voll- oder Reduktionsvokal[1]) ist in Wirklichkeit eine aram. bedingte Lautverschiebung; vgl. § 13, 2.

2. In Formen wie גְּדִי < **gadyu* „Böckchen" nimmt man eine Assimilation *a* > *i*, ausgelöst durch konsonantisches Yod, an, das in offener Silbe vor dem Druck zu Šwa (§ 23, 2 b) reduziert wurde. Zur Grundform vgl. arab. *ǧadyun* und babyl. *gădyōṯīyiḵ* „deine (F.) Zicklein" (MB, 71).

3. Vor wortschließendem הּ, ח, ע begegnet fast nur tib. nach *ē*, *ī*, *ō*, *ū* sog. Pataḥ furtivum, das nach § 13, 6. 7 primär den konsonantischen Charakter der Laryngale im Auslaut anzeigt, jedoch nicht nach üblicher Auffassung aus der Angleichung[2]) vorausgehender langer und heterogener Vokale an den Kehllaut zu verstehen ist.

4. Mannigfachen konsonantischen Einflüssen unterliegen die kurzen Vokale.

a) Vor einer Laryngalis findet sich in der Regel *a* in geschlossener Silbe, wo vor anderen Konsonanten *i* erscheint, מַעְיָן „Quelle", יַחְשֹׁב „er denkt", so auch וַיַּרְא „und er sah"; andererseits מִחְיָה „Lebensunterhalt", יִרְאֶה „er sieht"; vgl. hierzu § 23, 2 a.

b) In offener druckloser Silbe bewirkt im tib. System vorhergehender Kehllaut, daß reduzierte Vokale als Ḥaṭef-Laute erscheinen: הֲרוּגִים „Erschlagene", אָהֲבָה „sie liebte", אֱלֹהִים „Gott, Götter", עֳנִי „Elend". Doch findet sich vielfach anstatt des ursprünglichen Lautes nach ה, ח, ע Ḥaṭef-Pataḥ, nach א Ḥaṭef-Segol oder -Pataḥ: חֲמֹר „Esel", vgl.

---

[1]) BL, § 19.

[2]) Ebd., § 18 j. k.

arab. *ḥimárun* (§ 23, 2 b), עֲנָבִים „Trauben“, vgl. arab. *ʿínabun*. Ḥaṭef-Laut steht auch bei den velaren Lauten ט, צ, ק, z. B. הֻטֲלוּ „sie wurden geworfen“ (Jer. 22, 28), קֳדָשִׁים „Heiligtümer“ (neben קָדָשִׁים; § 11, 1 b), צֳרִי „Balsam“; ferner in Formen wie הַלְלוּ „preiset!“; בָּרֲכוּ „segnet“, וְלַהַבְדִּיל „und zu scheiden“ (Gn. 1, 18), cstr. וְזֲהַב „und Gold“ (Gn. 2, 12); vgl. hierzu § 13, 5.

§ 27. Dissimilation

1. Im Gegensatz zur Assimilation bedeutet die Dissimilation Umwandlung oder Ausstoßung eines Lautes, um die Wiederkehr oder Häufung gleicher bzw. ähnlicher Laute zu vermeiden. Sie kann zugleich Laute festhalten, die unter anderen Umständen verschoben werden. Im allgemeinen handelt es sich hierbei mehr um lexikalische als grammatische Erscheinungen.

2. Dissimilation von Konsonanten. Schon früh ist א am Ende einer mit א beginnenden Silbe unter Ersatzdehnung des voranstehenden Vokals elidiert: אֹכַל < *'*āḵal* < *'*a'kulu* „ich esse“, vgl. arab. *'ákulu*. Ebenso fällt silbenschließendes ה bei vorangehendem ה unter gleichen Bedingungen aus: **hahlaka* > **hálaka* > **hólika* (§ 23, 1 a) > **hólik* הוֹלִיךְ *hōlīḵ* „er ließ gehen“, so daß sekundär ein Hi. analog den Verben I יו entsteht (§ 78, 9 b). Sehr alt ist auch die Aufhebung der Gemination unter gleichzeitiger Ersatzdehnung in den Intensivstämmen der Verba II gem. infolge der dissimilatorischen Wirkung des zweiten gleichen Konsonanten, יְסֹבְבֶ֫נְהוּ, „er umgibt ihn“ (Dt. 32, 10). Mittelhebr. treten diese Formen zugunsten der Normalbildung קִלֵּל „er hat verflucht“ stark zurück, die allerdings auch für die alte Sprache[1])

---

[1]) Zum Ugar. s. C. H. Gordon, Manual, § 9, 49.

belegt ist, so in סַבֵּב „verwandeln“ (2 S. 14, 20). Häufig sind Dissimilationen bei Reduplikationsformen zweiradikaliger Wurzeln, so begegnet noch ugar. *kabkabu „Stern“ zugleich mit einer Assimilationsform *kakkabu entsprechend akkad. kakkabum[1]). Im Hebr. dagegen dissimilierte *kabkabu > *kawkab (so im Arab.) > כּוֹכָב. Ferner ist ל nach ל zu נ geworden in לוּן, לִין „übernachten“ (vgl. לַיִל „Nacht“), und in aram. Lehnwörtern ist w zwischen ū und ō zu y dissimiliert: מַלְכֻיּוֹת malkūyōt, vgl. bibl.-aram. malkᵉwåṯå, „Königreiche“ (Da. 8, 22).

Fast stets setzt man in die Präfixe בְּ und כְּ bei vorausgehendem Vokal und Verbindungsakzent Dageš lene, um die Verbindung ḇ-ḵ, ḇ-f, ḇ-m, ḇ-ḇ, ḵ-ḵ zu vermeiden: וַיִּקְבְּרֻהוּ בְּבֵיתוֹ „und sie begruben ihn in seinem Hause“ (1 S. 25, 1; zum Akzent s. § 15, 2a [21]). Die vortib. Aussprache kennt eine solche Differenzierung noch nicht; vgl. § 13, 2.

3. Vokaldissimilation. Der Wandel ā > ō (§ 23, 1) ist möglicherweise unter dem Einfluß eines vorhergehenden u/o-Lautes unterblieben: שֻׁלְחָן (ugar. ṯlḥn = *ṯulḥānu) „Tisch“, קָרְבָּן „Opfer“, תּוֹשָׁב „Beisasse“. Allerdings ist hierbei zu beachten, daß dies nicht mehr für die Aussprachefixierung in BA gilt; denn hier ergibt sich: šulḥån = šulḥōn, qorbån = qorbōn, tōšåḇ = tōšōḇ. Zuweilen begegnet Dissimilation von u und o (å) > i/e: חִיצוֹן „äußerer“, gebildet aus חוּץ „außen“ + Afformativ וֹן (§ 41, 1), תִּיכוֹן „mittlerer“ (*תּוֹךְ „Mitte“), אִמְרוֹ (אֹמֶר) „seine Rede“. Dagegen muß eine solche nicht notwendig in רִאשׁוֹן (רֹאשׁ „Kopf“) „erster“ vorliegen; vgl. den ugar. Eigennamen Riʾšn = *Riʾšānu. Dissimilatorischen Gründen mag a in geschlossener druckloser Silbe, sonst vielfach mit i wechselnd, seine Existenz in Bildungen wie תַּבְנִית „Modell“, תַּלְמִיד „Schüler“ verdanken.

[1]) Ebd., § 8, 38.

Zuweilen wird *a* zu *i*, sobald sich die lautlichen Verhältnisse in der zweiten Silbe ändern, vgl. abs. מַרְבֵּץ mit cstr. מִרְבַּץ „Lager".

§ 28. Haplologie, Metathesis, Gemination

1. Haplologie. Wird ein Konsonant nur einmal gesprochen, wo man grammatisch eine doppelte Setzung erwartet, so spricht man von Haplologie. Hierdurch verschwindet das Part.-Präformativ מְ in ***'im m^{e}mā'ēn 'attā* > אִם מָאֵן אַתָּה „wenn du dich weigerst" (Ex. 7, 27), und **hamm^{e}mā'^{a}nīm* > הַמָּאֲנִים (Jer. 13, 10 fälschlich הַמְּאֲנִים) „die sich Weigernden". Haplologische Verkürzung liegt wohl auch vor in der Verbindung der Endung **-tumu* der 2. M. Pl. Perf. mit dem Objektsuffix צַמְתֻּנִי < **ṣamtumūnī* „ihr fastet mir" (Sach. 7, 5); desgleichen in der Einfachschreibung von Verbindungen wie *iyi* in עִבְרִים neben עִבְרִיִּים „Hebräer". Ferner werden Formen wie **h^{a}mīṯōṯī* (vgl. הֲקִימוֹתִי) im allgemeinen vermieden, statt dessen הֵמַתִּי „ich tötete". Schließlich kann das Präfix בְּ „in, an" vor בַּיִת und פֶּתַח schwinden, daher cstr. בֵּית „im Hause" (Gn. 24, 23) und פֶּתַח „an der Tür" (Gn. 19, 11); vgl. aram. *bēṯ* „drinnen". Ebensogut ist freilich in diesem Falle die Annahme eines adv. Akk. (§ 106, 2a) möglich.

2. Metathesis. Auch in der Metathesis, der Umstellung zumeist benachbarter Laute, liegt das Bestreben vor, sich die Aussprache bequemer zu gestalten. Grammatisch bedeutsam ist die Metathesis des *t* im Hiṯp. mit dem ersten Radikal, falls dieser *z s ṣ ś š* ist, יִסְתַּבֵּל „er schleppt sich mühsam fort" (Qoh. 12, 5) von סָבַל; מִשְׂתַּכֵּר „sich verdingend" (Hag. 1, 6) von שָׂכַר, יִשְׁתַּמֵּר „er hütet sich" (Mi. 6, 16) von שָׁמַר, הִזַּכּוּ (<

*hizdakkū) „läutert euch“ (Jes. 1,16) von זָכָה, נִצְטַדָּק „wir rechtfertigen uns“ (Gn. 44,16) von צָדַק; zu letzten beiden vgl. § 24, 2a.

3. Gemination. a) Die Verdoppelung eines Konsonanten, ausgedrückt durch Dageš forte (§ 14, 2), ist primär durch die Wortbildung und durch Assimilation veranlaßt. Daneben steht die sekundäre Gemination, die einen an sich in offener Silbe stehenden Vokal von den durch Wort und Satzdruck bedingten Veränderungen in Qualität und Quantität ausnimmt. Sekundäre Gemination findet sich nach dem aus der alten Deutepartikel *hā entstandenen Artikel *ha-*, הַיּוֹם < *hāyōm. Ebenso wird *mā „was?“ im Kontext behandelt: מַזֶּה < *mā-zæ „was ist das?“, מַה־נּוֹרָא „wie furchtbar“; desgleichen die Relativpartikel *šæ-* oder *ša-* „welcher“. Weiterhin wird beim Imperf. cons. der auf das kurzvokalige Präfix *wa-* „und“ folgende Konsonant *y*, *t* oder *n* sekundär verdoppelt. Bei zahlreichen Wörtern wird der 2. oder 3. Radikal geminiert, so im St. abs. זִכָּרוֹן „Gedächtnis“ (jedoch זִכְרוֹנוֹ „sein Gedächtnis“), גְּמַלִּים „Kamele“, קְטַנָּה „klein“ (F.), פְּלַגִּים „Bäche“; אִסָּר „Enthaltungsgelübde“ (dagegen אֱסָרָהּ „ihr Gelübde“), אֵלֶּה „diese“; עֲמֻקָּה „tief“ (F. zu עָמֹק), יֻלַּד „er wurde geboren“ (Perf. Pass. Qal).

b) Die Verdoppelung kann sowohl am Wortende wie im Wortinnern aufgehoben werden; so tib. am Wortschluß: דַּל (< *dall*; § 33, 3c) „schwach“, תֵּת < *tittu < *tintu „geben“, יָסֹב (aber 3. F. Pl. תְּסֻבֶּינָה) „er umgibt“, während babyl. anscheinend regelmäßig Gemination am Wortende stattfindet; vgl. babyl. *säḏḏ* mit tib. סַד „Block“ (MB, 69). Bei Kehllauten und ר steht, wo man, analog zum Arab., Verdoppelung erwarten sollte, mit wenigen Ausnahmen (§ 8, 13) regelmäßig vor ר, oft vor א und ע, seltener von ה und ח Dehnung des vorhergehenden Vokals, u. z. *a* > *å*, *i* > *ē*, *u* > *ō*. Wo kurzer

Vokal gesetzt ist, spricht man von virtueller Verdoppelung der Laryngalis bzw. vom Dageš forte implicitum. Zur Ersatzdehnung vgl. שֵׁרֵת „er diente“, יְמָאֵן „er weigert sich“, מְבֹהֶלֶת „schnell“ (F.), אֵחַר „er zögerte“, בָּעֵר „anzünden“; zur virtuellen Verdoppelung נִאֲפָה „sie brach die Ehe“, יְמַהֵר „er eilt“, שִׁחֵת „er verdarb“, בִּעֵר „er zündete an“. Stets findet sich Ersatzdehnung bei den Verben I lar. im Imperf. und Imp. Ni., יֵאָסֵף „er versammelt sich“. In der Behandlung der Kehllaute weichen die Masoreten wesentlich von der arab. Grammatik ab. Hier wirkt deutlich der vormas., fast völlige Laryngalschwund nach. Dem entspricht auch die Regellosigkeit im Gebrauch von Ersatzdehnung und virtueller Verdoppelung.

Die Gemination unterbleibt sehr häufig bei Konsonanten mit Šwa unter gleichzeitiger Elision des Reduktionsvokals; so namentlich bei *w*, *y*, *l*, *m*, *n*, *q*, den alveolaren Spiranten, besonders wenn diesen ein Kehllaut folgt, aber auch bei anderen Konsonanten: עִוְרִים (Sg. עִוֵּר) „Blinde“ (PsBN עִוְּרִים *ʿiwrīm*; Jes. 30, 18 [R]), וַיְהִי *wayhī* statt **wayyehī* „und es geschah“; dementsprechend stets bei *Waw* cons. vor יְ (nicht aber vor תְּ); vgl. ferner הַמְבַקְשִׁים *hambaqšīm* statt **hammebaqqešīm* „die Suchenden“ (Ex. 4, 19). Andererseits wird analog zum Sg. הַמֶּלֶךְ trotz Šwa der Pl. הַמְלָכִים *hammelåkīm* „die Könige“ gebildet. Bei *b g d k p t* steht im allgemeinen gleichfalls Dageš forte bei Šwa, דִּבְּרָה „sie redete“, daneben auch St. cstr. נִדְחֵי „Verstoßene“ (Jes. 11, 12) neben נִדְּחֵי (Jer. 49, 36).

§ 29. Entstehung neuer Vokale

1. Doppelkonsonanz im Wortanlaut. Konsonantenhäufung im Wortanlaut begegnet gewöhnlich nicht. Wo sie bildungsmäßig zu erwarten wäre, steht tib. Šwa mobile; vgl. die sog. umgekehrten Segolata (§ 52, 5) דְּבַשׁ *debaš* „Honig“,

שְׁכֶם *šᵉkæm* „Schulter“, סְבֹךְ *sᵉbok* „Gestrüpp“ im St. abs., außerdem im St. cstr. שְׁבַע *šᵉba‘* „sieben“, תְּשַׁע *tᵉša‘* „neun“ (59, 1), cstr. זְרַע *zᵉra‘* (Nu. 11, 7) „Same“ neben üblichem זֶ֫רַע *zǽra‘* für beide Status. Vor *z*, *ṣ* und *t* wird zuweilen Doppelkonsonanz, wie allgemein im Arab., durch Bildung einer drucklosen Nebensilbe mit א protheticum vermieden: זְר֫וֹעַ > אֶזְר֫וֹעַ „Arm“, צְעָדָה > אֶצְעָדָה „Schrittkettchen“, תְּמוֹל > אֶתְמוֹל „gestern“. Diese Erscheinung ist schon altkan., wie ugar. *’uṣb‘t* = **’uṣbu‘ātu*, hebr. אֶצְבָּעוֹת „Finger“, syr. *ṣeb‘ā* (Wz. *ṣb‘* „zeigen“) beweist.

2. Doppelkonsonanz im Wortinnern. a) Eine Auflösung findet sich vor allem bei den Kehllauten. Hierbei haben die einzelnen mas. Schulen verschiedene Wege beschritten. Für das tib. System gilt, daß Laryngalis am Ende einer drucklosen Silbe teils vokallos ist und damit wie ein starker Konsonant behandelt wird: יַאְדִּ֫ימוּ *ya’dímū* „sie werden rot“ (vgl. § 22, 3a), יֶחְסַר *yæḥsar* „es mangelt“, מַעְיָן *ma‘yån* „Quelle“; teils, und dies häufiger, ein Ḥaṭef-Zeichen erhält, das sich nach dem vorhergehenden Vokal richtet: יַעֲבֹר *ya‘ᵃbor* (vgl. dagegen arab. *yá‘buru*) „er überschreitet“, יֶאֱסֹף *yæ’ᵉsof* „er sammelt“. Babyl. sind ה und ח meist vokallos, während א und ע Vollvokal erhalten, damit aber überlesen werden, da der vorausgehende Konsonant vokallos ist; vgl. תַּעֲמֹד *ta‘ᵃmod* mit babyl. *t‘ämod* = *tämod* „du bestehst“ (MB, 31; 54). In dieser uneinheitlichen Behandlung der Kehllaute zeigt sich deutlich das mas. Bemühen, die längst eingebürgerte Laryngalelision zu überwinden; vgl. Sek. *ουαιαλεζ* mit וַיַּעֲלֹז „und er frohlockte“ (Ps. 28, 7) und pal. *yazob* mit יַעֲזֹב „er verläßt“ (Ps. 37, 28)[1].

[1] KG, 178.

b) Würde tib. auf einen Kehllaut mit Ḥaṭef ein Konsonant mit Šwa folgen, so wird der entsprechende kurze Vollvokal gesetzt: יַעַבְרוּ *ya'abrū* „sie überschreiten", יֶחֶזְקוּ *yæḥæzqū* „sie erstarken", פָּעָלְךָ *på'ålkå* „dein Werk". Damit entsteht sekundär eine geschlossene drucklose Silbe, und zugleich eine vom Grundtypus yaqtul abweichende Form; vgl. tib. יַעַזְבוּ mit Sek. ιεζεβου „sie verlassen" (Ps. 89, 31).

c) Tib. begegnet nach *m, n, l, r*; *q*; *z, ṣ, ś, š*, mitunter auch nach anderen Konsonanten zuweilen ein Šwa, das nach *ᵃ* oder *ᵒ* gefärbt sein kann; z. B. St. cstr. שִׁקֲתוֹת „Tränkrinnen" (Gn. 30, 38), נִבֳהָל (Prv. 28, 22) neben נִבְהָל (Ps. 30, 8) „erschrocken". Meist aber findet sich einfaches Šwa, das als lautbar durch Dageš forte dirimens (§ 14, 2b) angemerkt ist, עִנְּבֵי *'inᵉbē* „Trauben" (St. cstr.).

3. Wortschließende Doppelkonsonanz. a) Am Wortende kann Doppelkonsonanz stehen, wenn der letzte der beiden Laute *ṭ, q* oder *b, d, k, t* ist: קֹשְׁטְ *qošṭ* „Wahrheit", וַיַּשְׁקְ *wayyašq* „und er tränkte", וַיִּשְׁבְּ *wayyišb* „und er führte gefangen", נֵרְדְּ „Narde", וַיֵּבְךְּ *wayyebk* „und er weinte", זָכַרְתְּ *zåkart* „du (F.) gedachtest". Zuweilen wird im Anschluß an D. Qimḥi das zweite Šwa als lautbar aufgefaßt[1]): נֵרְדְּ *nerdᵉ*; doch widerspricht dem z. B. das Qere in לִמַּדְתְּי „du (F.) lehrtest" (Jer. 2, 33), das nur dann Sinn hat, wenn der Auslautvokal elidiert und *limmadt* statt Ketib **limmádtī* (§ 64, 2a) gelesen werden soll.

b) Gewöhnlich findet am Wortende Auflösung durch einen Hilfsvokal statt. Dieser hat ursprünglich den Wert eines Šwa und kann den Druck nicht auf sich ziehen. Wo dies scheinbar geschieht, wie in בְּאֵר < **bi'ru* „Brunnen", liegen Sonderformen (s. u. e) vor. Der Sproßvokal begegnet vor allem in

1) Mikhlol, § 4 e; vgl. z. B, P. Joüon, Grammaire, § 5 k.

den Segolaten (§ 34, 1), ferner bei den F.-Formen auf *-t* (nicht *-at*; § 57), שֶׁבֶת „sitzen" (< **šibtu*), sowie bei den Kurzformen des Imperf. Qal und Hi. der Verba III י״. Dieser Vokal lautet tib. meist *æ*, vor ה, ח und א sowie nach ע und zumeist auch ח *a*; z. B. דֶּרֶךְ „Weg", חֶסֶד „Gnade", סֵפֶר „Buch", קֹדֶשׁ „Heiligtum", גֹּבַהּ „Höhe", זֶרַע „Same", נַעַר „Knabe", נַחַל „Bach"; andererseits לֶחֶם „Brot", אֹהֶל „Zelt". Zum Qal III י״ vgl. וַיִּבֶן „und er baute", וַיִּחַן „und er ließ sich nieder"; für das Hi. וַיֶּגֶל „und er führte ins Exil", וַיַּעַל „und er ließ aufsteigen"; hier gelegentlich auch Imp. הֶרֶב „vermehre".

c) Bei Wörtern wie *mawṯ* und *bayṯ* ist ein Hilfsvokal erst mas. belegt; so überliefert Origenes noch diphthongische Formen[1]). Systematisch ist hier durch die Masoreten die Segolierung durchgeführt worden, die bisheriges *bayṯ* als בַּיִת *báyiṯ* „Haus" und *mawṯ* als מָוֶת *máwæṯ* vokalisierten und diese Wortgestalt als St. abs. festsetzten, während von nun an מוֹת und בֵּית dem St. cstr. zugerechnet wurden; vgl. auch § 22, 4 c.

d) Bei den mit Waw und Yod schließenden Stämmen sind *w* und *y* nach Verlust des kurzen Auslautvokals sonantisch, vgl. arab. *laḥyun* mit hebr. לְחִי „Backe" und arab. *ru'yun* mit רְאִי „Sehen", ferner אָחוּ „Nilgras", בֹּהוּ „Leere". Die bei den auf *y* endenden Wörtern eingetretene Druckverlagerung ist in der Pausa wieder aufgehoben; vgl. P. פֶּרִי mit K. פְּרִי „Frucht", ferner P. חֹלִי (Q חוֹלִי **ḥólī*) mit K. חֳלִי „Krankheit".

---

1) E. Brønno, Studien, 139—142; zum Problem vgl. auch A. Sperber, Masoretic Hebrew, § 84 c.

e) Scheinbar liegt Auflösung wortbeginnender Doppelkonsonanz in Formen wie זְאֵב *z*^{e}*'ēḇ* „Wolf“, שְׁאֹל *š*^{e}*'ōl* „Unterwelt“ vor. Doch handelt es sich hierbei um späte Neubildungen für *zēḇ* (< **zi'b* < **ḏi'bu* [= arab. *ḏi'bun*]) und *šōl*; vgl. sam. *bēr* (ugar. *bi'r* = **bi'ru*) mit tib. בְּאֵר „Brunnen“ und pal. *šōl* mit שְׁאֹל (§§ 22, 3a; 52, 5).

FSC
www.fsc.org
MIX
Papier | Fördert
gute Waldnutzung
FSC® C083411

Kolibri 360 GmbH
Ferdinand-Jühlke-Straße 7
99095 Erfurt, Deutschland
produktsicherheit@kolibri360.de